建设工程概预算与清单报价系列

装饰装修工程概预算与清单报价实例详解

张国栋　主编

上海交通大学出版社

内容提要

本书主要内容为装饰装修工程,以住房和城乡建设部新颁布的《建设工程工程量清单计价规范》(GB50500—2013)、《房屋建筑与装饰工程工程量计算规范》(GB50854—2013)和部分省、市的预算定额为依据编写,在结合实际的基础上设置案例。主要是中、小型实例,以结合实际为主,在实际的基础上运用理论知识进行造价分析。案例总体上涉及图纸、工程量计算、综合单价分析以及投标报价的表格填写四部分,其中工程量计算是根据所采用定额和清单规范上的计算规则进行,综合单价分析是在定额和清单工程量的基础上进行,投标报价则是在前三项的基础上进行填写的。整个案例从前到后结构清晰,内容全面,做到了系统性和完整性的两者合一。

图书在版编目(CIP)数据

装饰装修工程概预算与清单报价实例详解/张国栋主编. 一上海:上海交通大学出版社,2014
ISBN 978-7-313-11551-5/TU

Ⅰ. ①装… Ⅱ. ①张… Ⅲ. ①建筑装饰—建筑概算定额②建筑装饰—建筑预算定额③建筑装饰—工程造价 Ⅳ. ①TU723.3

中国版本图书馆 CIP 数据核字(2014)第 112303 号

装饰装修工程概预算与清单报价实例详解

主　　编:张国栋
出版发行:上海交通大学出版社
邮政编码:200030
出 版 人:韩建民
印　　制:上海宝山译文印刷厂
开　　本:787mm×1092mm　1/16
字　　数:262 千字
版　　次:2014 年 6 月第 1 版
书　　号:ISBN 978-7-313-11551-5/TU
定　　价:32.00 元

地　　址:上海市番禺路 951 号
电　　话:021-64071208

经　　销:全国新华书店
印　　张:12

印　　次:2014 年 6 月第 1 次印刷

编　委　会

前　言

在经济建设迅速发展的当今,建筑市场也呈现蒸蒸日上的发展趋势,继2013清单规范颁布实施以来,建筑行业一片繁荣,与之相应所需求的造价工作者也在增多,而对造价工作者的要求不仅仅是停留在"懂"的层次上,而是要求造价工作者会"做",能独立完成某项工程的预算。为了切实符合建筑市场的需求,作者从实地考察选取典型案例,详细且系统地讲解了工程量计算以及清单报价的填写,为更多的读者提供了便利。

为了推动《建设工程工程量清单计价规范》(GB50500—2013)、《房屋建筑与装饰工程工程量计算规范》(GB50854—2013)的实施,帮助造价工作者提高实际操作水平,我们特组织编写此书。

本书在编写时参考了《建设工程工程量清单计价规范》(GB50500—2013)、《房屋建筑与装饰工程工程量计算规范》(GB50854—2013)和相应定额,以实例阐述各分项工程的工程量计算方法和清单报价的填写,同时也简要说明了定额与清单的区别,其目的是帮助工作人员解决实际操作问题,提高工作效率。

本书与同类书相比,其显著特点叙述如下:

(1)实际操作性强。书中主要以实际案例说明实际操作中的有关问题及解决方法,便于提高读者的实际操作水平。

(2)通过具体的工程实例,依据定额和清单工程量计算规则对装饰装修工程各分部分项工程的工程量计算进行了详细讲解,教读者学预算,从根本上帮读者解决实际问题。

(3)在详细的工程量计算之后,每道题的后面又针对具体的项目进行了清单工程量单价分析,而且在单价分析里面将材料进行了明细,让读者学习和利用起来更方便。最后将清单报价的系列表格填写做上去,方便读者学习和使用。

(4)该书结构清晰、内容全面、层次分明、针对性强、覆盖面广,适用性和实用性强,简单易懂,是造价者的一本理想参考书。

本书在编写过程中得到了许多同行的支持与帮助,在此表示感谢。由于编者水平有限和时间紧迫,书中难免存在疏漏和不妥之处,望广大读者批评指正。如有疑问,请登录 www.gc-zjy.com(工程造价员网)或 www.ysypx.com(预算员网)或 www.debzw.com(企业定额编制网)或 www.gclqd.com(工程量清单计价网),也可以发邮件至 zz6219@163.com 或 dlwhgs@ tom.com 与编者联系。

编　者

目　录

项目一 某宾馆装饰装修工程

某宾馆平面图如图 1-1 所示,楼地面、墙柱面、天棚工程、门窗工程等各项装饰装修工程做法如图 1-2 ~ 图 1-19 所示,试计算该宾馆装饰装修工程各项工程量。

1. 工程概况

该宾馆工程为两层框架结构,宾馆采用内廊式建筑,建筑面积 387.94m²,建筑总高度为 7.050m,层高为 3.00m,楼板厚均为 120mm,楼梯为板式楼梯,平台板厚为 100mm,内外墙均为 200mm 厚加气混凝土砌块,室内外地平高差 450mm,屋面女儿墙 600mm 高,为不上人屋面。

2. 房间名称

1)底层

设有 3 900mm ×6 900mm 大厅;2 100mm ×23 400mm 走廊;3 900mm ×6 900mm 洁具间,用来清洗宾馆床被;另有 3 900mm ×2 300mm 配电室;标准房间 9 间,其中在建筑四角的房间较其他房间在横向多出 1/2 墙厚;每个标准间内设有 2 300mm ×2 300mm 大小的卫生间。

2)二层

设有 2 100mm ×23 400mm 走廊;3 900mm ×6 900mm 洁具间,用来清洗宾馆床被;另有 3 900mm ×2 300mm 配电室;标准房间 10 间,其中在建筑四角的房间较其他房间在横向多出1/2 墙厚;每个标准间内设有 2 300mm ×2 300mm 大小的卫生间。

3. 门窗洞口尺寸

对门窗的要求如表 1-1 和表 1-2 所示。

表 1-1 门 窗 表

类型	设计编号	洞口尺寸/mm	数 量		
			1 层	2 层	合 计
门	M0921	900 ×2 100	11	12	23
	M921	900 ×2 100	9	10	19
	M2721	2 700 ×2 100	1		1
窗	C1518	1 500 ×1 800	2	2	4
	C2718	2 700 ×1 800	11	12	23

表 1-2 宾馆门窗洞口尺寸

序号	名 称	编号	宽(mm)	高(mm)	数量	所在位置	备 注
1	铝塑门	M0921	900	2 100	23	标准间房门	
2	铝塑门	M921	900	2 100	19	卫生间房门	铝合金窗用5mm厚蓝色玻璃
3	定制玻璃旋转门	M2721	2 700	2 100	1	大厅门	
4	铝合金窗	C1518	1 500	1 800	4	走廊两旁	
5	铝合金窗	C2718	2 700	1 800	23	标准间房内	

4. 楼地面装饰

对楼地面装饰的要求如表1-3所示。

表1-3　宾馆楼地面装饰

序　号	房间部位	装饰做法	备　注
1	一、二层走廊	铺橡胶绒地毯	
2	大厅	铺大理石面层	
3	走廊	铺大理石面层	包括上下两层走廊
4	标准间内	铺大理石面层	
5	标准间卫生间	铺 300mm × 300mm 防滑砖	不扣除坐便器、洗面器、淋浴器所占面积
6	洁具间	铺大理石面层	
7	配电室	铺大理石面层	
8	楼梯	面层材料——大理石	
9	室外台阶	豆绿色花岗岩地面	
10	踢脚板	花岗岩踢脚板	高 150mm

5. 墙面装饰

内墙墙面装饰如表1-4所示。

表1-4　宾馆内墙墙面装饰

序号	房间名称	墙面做法	备　注
1	标准间卫生间	米黄色瓷砖墙面到顶	瓷砖 300mm × 300mm
2	标准间、洁具间	墙裙——水刷豆石 800mm 高	窗台距地面 800mm
3	标准间、洁具间	墙裙以上墙面混合砂浆抹面后喷仿瓷涂料	
4	走廊	混合砂浆抹面后喷仿瓷涂料	
5	大厅	混合砂浆抹面后贴仿锦缎壁纸到顶	

宾馆外墙面装饰取勒脚高度——室内外地平高差 450mm；外墙裙——水刷白石子，高度——800mm；墙裙上方刷喷暗红色涂料。

6. 顶棚装饰

宾馆顶棚装饰如表1-5所示。

表1-5　宾馆顶棚装饰

序号	房间名称	顶棚做法	备　注
1	标准间	混合砂浆抹灰后，喷仿瓷涂料	
2	标准间卫生间	木方格吊顶顶棚，润油粉二遍，刮腻子，封油漆一遍，聚氨酯漆一遍，聚氨酯清漆二遍	吊顶高 150mm
3	走廊、楼梯	混合砂浆抹面后喷仿瓷涂料	走廊包括上下两层
4	大厅	T 型铝合金龙骨上安装胶合板面，底油一遍，调和漆二遍，磁漆二遍	吊顶高 150mm

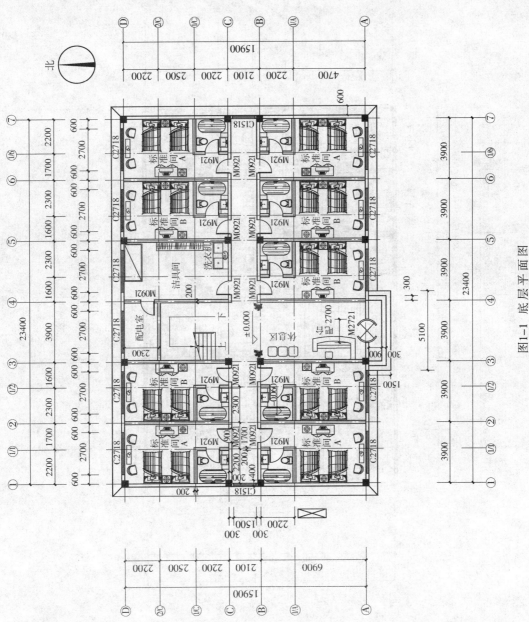

图1-1　底层平面图

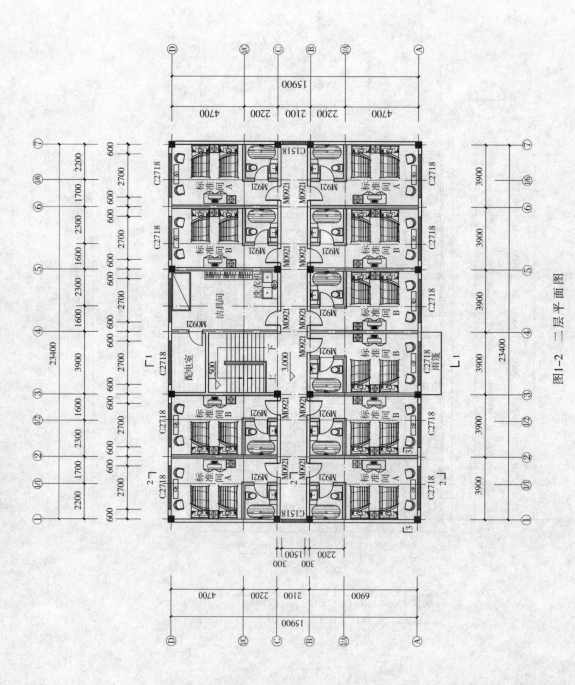

图1-2 二层平面图

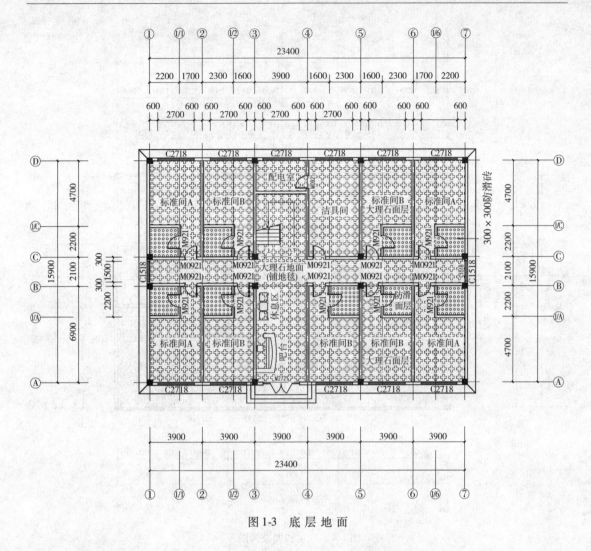

图1-3 底层地面

一、清单工程量

1. 楼地面工程(见图1-1、图1-2、图1-3、图1-4、图1-5、图1-6)

1)室内楼地面工程

楼地面做法自上而下依次——大理石面层,素水泥砂浆结合层一道,20mm 厚 1:3 水泥砂浆找平层,素水泥砂浆结合层一道,混凝土结构层;

卫生间做法自上而下依次——防滑面层,20mm 厚 1:2 水泥砂浆随捣抹光,3mm 厚聚氨酯涂膜,1:3 水泥砂浆找坡,坡度——1%,最薄处 10mm 厚,素水泥砂浆一道(内掺建筑胶),混凝土结构层;

走廊铺设橡胶绒地毯,踢脚板——石材踢脚板;

四个角部标间——标准间 A,其余标间——标准间 B。

(1)一层。

①大厅。

$$(3.9 - 0.1 \times 2) \times 6.9 \text{m}^2 = 25.53 \text{m}^2$$

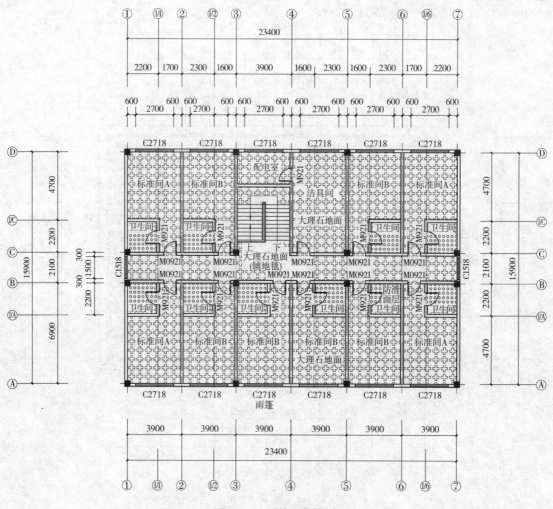

图1-4　二层楼面装饰图

【注释】　楼地面工程要计算的是建筑物的使用面积,其中:

　　3.9——大厅轴线间距;

　　0.1——轴线与墙边的距离,乘以2代表两边都要减去轴线与墙边的间距,得大厅横向的净距离;

　　6.9——大厅纵向方向的净距,如图1-1所示。

②走廊。

$$(2.1-0.2\times2)\times23.4m^2=39.78m^2$$

【注释】　2.1——走廊轴线间距;

　　0.2——轴线与墙边的距离,乘以2代表两边都要减去轴线与墙边的间距,得走廊纵向的净距离;

　　23.4——大厅横向方向的净距,如图1-1所示。

③标准间A(不包括卫生间部分)。

$$[(4.7-0.1)\times(3.9-0.1)+(2.2+0.1)\times(1.7-0.1\times2)]m^2=20.93m^2$$

【注释】　4.7——①/C轴与①D轴之间的轴距;

图 例	名 称
�֎	豪华吊灯
♨	工艺吊灯
◎	吸顶吊灯
⊕	防潮吸顶灯
⊠	防雾吸顶灯
▣	排气扇
✦	筒 灯
—	日光灯管
⊦	壁 灯
⊬	射 灯

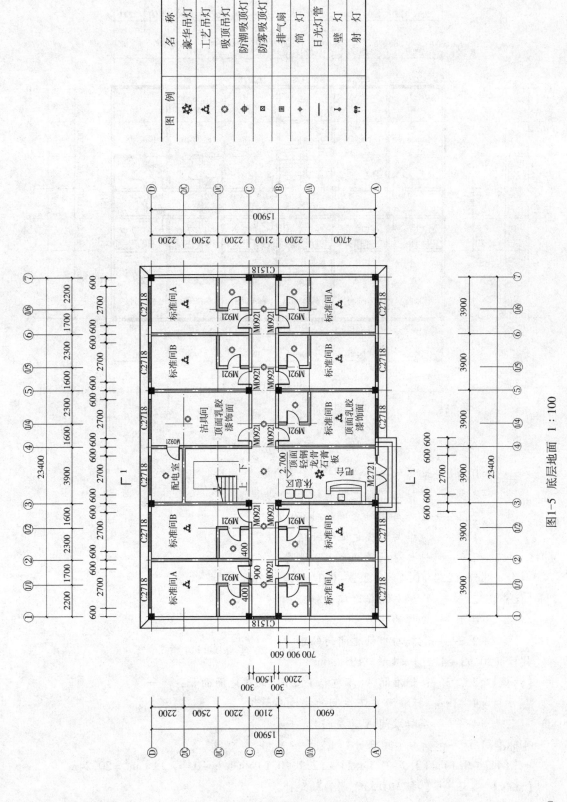

图1-5 底层地面 1∶100

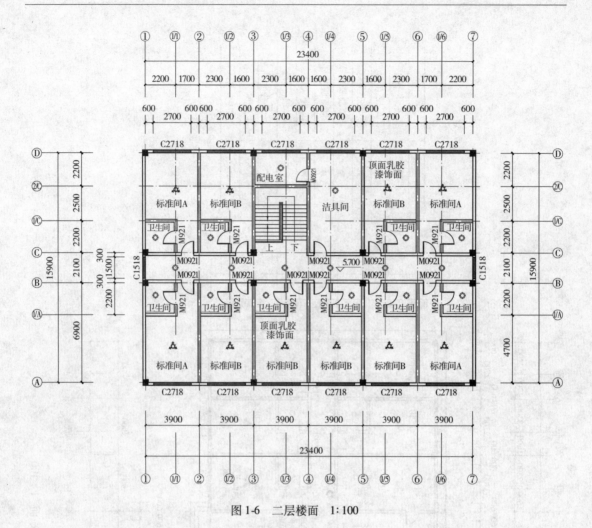

图1-6 二层楼面 1:100

0.1——墙厚的一半;

3.9——①轴与②轴之间的轴距;

2.2——Ⓒ轴与Ⓒ/Ⓓ轴之间的轴距;

1.7——①/①轴与①轴之间的轴距;

2——①/①轴与②轴的两个1/2墙厚。

卫生间部分:$(2.2-0.1) \times (2.2-0.1) \mathrm{m}^2 = 4.41 \mathrm{m}^2$

【注释】 2.2——Ⓒ轴与Ⓒ/Ⓓ轴之间的轴距;

　　　　0.1——墙厚的一半;

　　　　2.2——①轴与①/①轴之间的轴距。

共计:$(20.93+4.41) \times 4 \mathrm{m}^2 = 101.36 \mathrm{m}^2$

【注释】 20.93——标准间A(不包括卫生间)的楼地面面积;

　　　　4.41——标准间A卫生间的楼地面面积;

　　　　4——一层标准间A的房间数。

④标准间B(不包括卫生间部分)。

$[(4.7-0.1) \times (3.9-0.1 \times 2) + (2.2+0.1) \times (1.6-0.1 \times 2)] \mathrm{m}^2 = 20.24 \mathrm{m}^2$

【注释】 4.7——Ⓒ/Ⓓ轴与Ⓓ轴之间的轴距;

　　　　0.1——墙厚的一半;

　　　　3.9——③轴与②轴之间的轴距;

　　　　2.2——Ⓒ轴与Ⓜ轴之间的轴距;

　　　　1.6——Ⓜ轴与③轴之间的轴距;

　　　　0.1——③轴上墙厚的一半。

卫生间部分:$(2.2 - 0.1) \times (2.3 - 0.1) \text{m}^2 = 4.62 \text{m}^2$

【注释】　2.2——Ⓒ轴与Ⓜ轴之间的轴距;

　　　　0.1——墙厚的一半;

　　　　2.3——②轴与Ⓜ轴之间的轴距。

共计:$(20.24 + 4.62) \times 5 \text{m}^2 = 124.30 \text{m}^2$

【注释】　20.24——标准间B(不包括卫生间)的面积;

　　　　4.62——标准间卫生间B的面积;

　　　　5——一层标准间B的房间数。

⑤配电室。

$$(2.3 - 0.1) \times (3.9 - 0.1 \times 2) \text{m}^2 = 8.14 \text{m}^2$$

【注释】　2.3——Ⓓ轴与Ⓜ轴之间的轴距;

　　　　0.1——墙厚的一半;

　　　　3.9——③轴与④轴之间的轴距;

　　　　0.1——分别为③轴和④轴上的1/2墙厚。

⑥洁具室。

$$6.9 \times (3.9 - 0.1 \times 2) \text{m}^2 = 25.53 \text{m}^2$$

【注释】　6.9——Ⓒ轴与Ⓓ轴之间的轴距;

　　　　3.9——④轴与⑤轴之间的轴距;

　　　　0.1——④轴和⑤轴上的两个1/2墙厚。

⑦一层楼地面工程量。

房间采用大理石面层工程量。

$$(25.53 + 39.78 + 20.93 \times 4 + 20.24 \times 5 + 8.14 + 25.53) \text{m}^2 = 283.9 \text{m}^2$$

【注释】　25.53——一层大厅楼地面面积;

　　　　39.78——一层走廊楼地面面积;

　　　　20.93——一层标准间A(不包括卫生间)的楼地面面积;

　　　　20.24——一层标准间B(不包括卫生间)楼地面面积;

　　　　8.14——一层配电室的楼地面面积;

　　　　25.53——一层洁具间的楼地面面积。

卫生间采用300×300防滑砖工程量。

$$(4.41 \times 4 + 4.62 \times 5) \text{m}^2 = 40.74 \text{m}^2$$

【注释】　4.41——一层标准间A卫生间的楼地面面积;

　　　　4——一层标准间A卫生间的房间数;

　　　　4.62——一层标准间B卫生间的楼地面面积;

　　　　5——一层标准间B卫生间的房间数。

一层楼面抹灰工程量。

$$(25.53 + 39.78 + 101.36 + 124.3 + 8.14 + 25.53)\text{m}^2 = 324.73\text{m}^2$$

【注释】 25.53——一层大厅抹灰面积;

　　　　39.78——一层走廊抹灰面积;

　　　　101.36——一层标准间 A(包括卫生间)的抹灰面积;

　　　　124.3——一层标准间 B(包括卫生间)的抹灰面积;

　　　　8.14——一层配电室的抹灰面积;

　　　　25.53——一层洁具间的抹灰面积。

走廊铺设橡胶绒地毯。

单层 $= 39.78\text{m}^2$

(2)二层。

①走廊。

$$(2.1 - 0.2 \times 2) \times 23.4\text{m}^2 = 39.78\text{m}^2$$

【注释】 2.1——走廊轴线间距;

　　　　0.2——轴线与墙边的距离,乘以 2 代表两边都要减去轴线与墙边的间距,得走廊纵向的净距离;

　　　　23.4——大厅横向的净距。

②标准间 A(不包括卫生间部分)。

$$[(4.7 - 0.1) \times (3.9 - 0.1) + (2.2 + 0.1) \times (1.7 - 0.1 \times 2)]\ \text{m}^2 = 20.93\text{m}^2$$

【注释】 4.7——Ⓒ轴与Ⓓ轴之间的轴距;

　　　　0.1——墙厚的一半;

　　　　3.9——①轴与②轴之间的轴距;

　　　　2.2——Ⓒ轴与Ⓒ轴之间的轴距;

　　　　1.7——Ⓘ轴与①轴之间的轴距;

　　　　2——Ⓘ轴与②轴的两个 1/2 墙厚。

卫生间部分:$(2.2 - 0.1) \times (2.2 - 0.1)\text{m}^2 = 4.41\text{m}^2$

【注释】 2.2——Ⓒ轴与Ⓒ轴之间的轴距;

　　　　0.1——墙厚的一半;

　　　　2.2——①轴与Ⓘ轴之间的轴距。

共计:$(20.93 + 4.41) \times 4\text{m}^2 = 101.36\text{m}^2$

【注释】 20.93——标准间 A(不包括卫生间)的面积;

　　　　4.41——标准间卫生间 A 的面积;

　　　　4——4 个一层 4 个角部标准间 A 的房间数。

③标准间 B(不包括卫生间部分)。

$$[(4.7 - 0.1) \times (3.9 - 0.1 \times 2) + (2.2 + 0.1) \times (1.6 - 0.1 \times 2)]\ \text{m}^2 = 20.24\text{m}^2$$

【注释】 4.7——Ⓒ轴与Ⓓ轴之间的轴距;

　　　　0.1——墙厚的一半;

　　　　3.9——③轴与②轴之间的轴距;

　　　　2.2——Ⓒ轴与Ⓒ轴之间的轴距;

　　　　1.6——Ⓘ轴与③轴之间的轴距;

　　　　0.1——③轴上墙厚的一半。

卫生间部分：$(2.2-0.1) \times (2.3-0.1) m^2 = 4.62 m^2$

【注释】 2.2——ⓒ轴与ⓜ轴之间的轴距；

0.1——墙厚的一半；

2.3——②轴与⑫轴之间的轴距。

共计：$(20.24+4.62) \times 6 m^2 = 149.16 m^2$

【注释】 20.24——标准间B(不包括卫生间)的面积；

4.62——标准间卫生间B的面积；

6——一层标准间B的房间数。

④配电室。

$$(2.3-0.1) \times (3.9-0.1 \times 2) m^2 = 8.14 m^2$$

【注释】 2.3——ⓓ轴与ⓜ轴之间的轴距；

0.1——墙厚的一半；

3.9——③轴与④轴之间的轴距；

0.1 分别——③轴和④轴上的 1/2 墙厚。

⑤洁具室。

$$6.9 \times (3.9-0.1 \times 2) m^2 = 25.53 m^2$$

【注释】 6.9——ⓒ轴与ⓓ轴之间的轴距；

3.9——④轴与⑤轴之间的轴距；

0.1——④轴和⑤轴上的两个 1/2 墙厚。

⑥二层楼地面工程量。

房间采用大理石面层工程量为

$$[(39.78+20.93 \times 4+20.24 \times 6+8.14+25.53)] m^2 = 278.61 m^2$$

【注释】 39.78——二层走廊楼地面面积；

20.93——一层标准间A(不包括卫生间)的楼地面面积；

4——二层标准间A(不包括卫生间)的房间数；

20.24——二层标准间B(不包括卫生间)的楼地面面积；

6——二层标准间B(不包括卫生间)的房间数；

8.14——二层配电室的楼地面面积；

25.53——二层洁具间的楼地面面积。

卫生间采用 300×300 防滑砖工程量为

$$(4.41 \times 4+4.62 \times 6) m^2 = 45.36 m^2$$

【注释】 4.41——二层标准间A卫生间的楼地面面积；

4——二层标准间A卫生间的房间数；

4.62——二层标准间B卫生间的楼地面面积；

6——二层标准间B卫生间的房间数。

二层楼面抹灰工程量为

$$(39.78+101.36+149.16+8.14+25.53) m^2 = 324.09 m^2$$

【注释】 39.78——二层走廊抹灰面积；

101.36——二层标准间A(包括卫生间)的抹灰面积；

149.16——二层标准间B(包括卫生间)的抹灰面积；

    8.14——二层配电室的抹灰面积；

    25.53——二层洁具间的抹灰面积。

走廊铺设橡胶绒地毯为

单层 $= 39.78\text{m}^2$

（3）室内楼地面工程量汇总。

①大理石工程量总计。

$$(285.05 + 278.61)\text{m}^2 = 563.66\text{m}^2$$

【注释】 285.05——一层大理石楼地面面积；

          278.61——二层大理石楼地面面积。

②$300 \times 300$ 防滑砖工程量总计。

$$(40.74 + 45.36)\text{m}^2 = 86.1\text{m}^2$$

【注释】 40.74——一层防滑砖楼地面面积；

          45.36——二层防滑砖楼地面面积。

③抹灰工程量总计。

$$(324.74 + 324.09)\text{m}^2 = 648.83\text{m}^2$$

【注释】 324.74——一层抹灰工程量面积；

          324.09——二层抹灰工程量面积。

④橡胶绒地毯的工程量。

$$[(2.1 - 0.2 \times 2) \times 23.4 \times 2 + 0.9 \times 0.2 \times 21]\text{m}^2 = 83.34\text{m}^2$$

【注释】 2.1——走廊的宽度；

          0.2——轴线到墙外边缘的距离；

          23.4——走廊的长度；

          2——一二两层；

          0.9——门洞口的宽度；

          0.2——门洞口的厚度，即墙的厚度；

          21——一、二两层总的门洞数量；

          2——一、二两层。

2）室外台阶工程（见图 1-7）

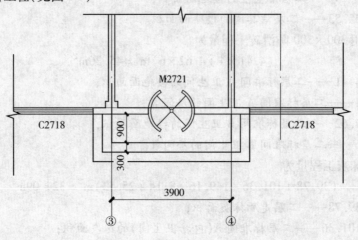

图 1-7 台阶示意图 1∶100

石材台阶面采用豆绿色花岗石地面,400mm×400mm×20mm,建筑胶砂浆黏结。

台阶绿色花岗岩石地面工程量:$[1.5×(3.9+0.3×4)-(0.9-0.3)×(3.9-0.3×2)]m^2$
$$=5.67m^2$$

【注释】　计算规则:台阶装饰按设计图示尺寸以台阶(包括上层踏步边沿加300mm)水平投影面积计算。

　　　　1.5——台阶宽度;

　　　　3.9——台阶③、④轴线之间的距离;

　　　　0.3——一个台阶的宽度;

　　　　4——③、④轴线外边缘左右两个台阶,共4个。

3)踢脚线工程(见图1-5、图1-6、图1-8、图1-9)

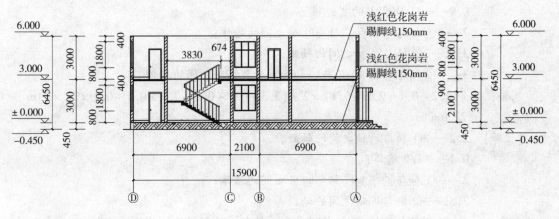

图1-8　1-1踢脚线示意图　1:100

室内踢脚线采用石材,即浅红色花岗石,150mm高。

(1)一层。(见图1-5)

Ⓐ轴:$L=(23.4-0.2×5-2.7)m=19.7m$

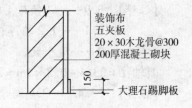

图1-9　墙面装饰示意图　1:100

【注释】　23.4——①轴与⑦轴之间的轴距;

　　　　0.2——墙厚;

　　　　5——墙个数;

　　　　2.7——门 M2721 的宽。

Ⓐ轴:$L=[(2.2+0.1+2.2-0.1)×2+(2.3-0.1+0.1+2.3-0.1×2)×3]m$
$$=22.0m$$

【注释】　2.2——①轴与⑪轴之间的轴距;

　　　　0.1——1/2 墙厚;

　　　　2——①轴与⑪轴和⑦轴与⑯轴之间的墙体;

　　　　2.3——②轴与⑫轴之间的轴距;

　　　　3——②轴与⑫轴、⑤轴与⑭轴和⑥轴与⑮轴之间的墙体。

Ⓑ轴:$L=[(3.9-0.2-0.1-0.9+3.9-0.9)×2+(3.9-0.1-0.2-0.1-0.9+3.9-0.9)×3]m$
$$=28.2m$$

【注释】　3.9——①轴与②轴之间的轴距;

　　　　0.2——墙厚;

0.1——1/2 墙厚;

0.9——门 M0921 的宽;

2——①轴与Ⅶ轴和⑦轴与Ⅵ轴之间的墙体;

3.9——②轴与③轴之间的轴距;

3——②轴与Ⅶ2轴、⑤轴与Ⅶ4轴和⑥轴与Ⅶ5轴之间的墙体。

Ⓒ轴:$L = [(3.9-0.2-0.1-0.9+3.9-0.9) \times 2 + (3.9-0.1-0.2-0.1-0.9+3.9-0.9) \times 3]m$
$= 28.2m$

【注释】 3.9——①轴与②轴之间的轴距;

0.2——墙厚;

0.1——1/2 墙厚;

0.9——门 M0921 的宽;

2——①轴与Ⅶ轴和⑦轴与Ⅵ轴之间的墙体;

3.9——②轴与③轴之间的轴距;

3——②轴与Ⅶ2轴、⑤轴与Ⅶ4轴和⑥轴与Ⅶ5轴之间的墙体。

Ⅶᴄ轴:$L = [(2.2-0.1+2.2+0.1) \times 2 + (2.3-0.1+0.1+2.3+0.1-0.1 \times 2) \times 3]m$
$= 22.0m$

【注释】 2.2——①轴与Ⅶ轴之间的轴距;

0.1——1/2 墙厚;

2——①轴与Ⅶ轴和⑦轴与Ⅵ轴之间的墙体;

2.3——②轴与Ⅶ2轴之间的轴距;

3——②轴与Ⅶ2轴、⑤轴与Ⅶ4轴和⑥轴与Ⅶ5轴之间的墙体。

②ᴄ轴:$L = (3.9-0.1 \times 2) \times 2m = 7.4m$

【注释】 3.9——③轴与④轴之间的轴距;

0.1——1/2 墙厚;

2——墙个数。

Ⓓ轴:$L = 23.4-0.2 \times 5m = 22.4m$

【注释】 23.4——①轴与⑦轴之间的轴距;

0.2——墙厚;

5——墙个数。

①轴:$L = (15.9-0.2 \times 4)m = 15.1m$

【注释】 15.9——Ⓐ轴与Ⓑ轴之间的轴距;

0.2——墙厚;

4——墙个数。

Ⅶ轴:$L = (2.2-0.1-0.9+2.2+0.1-0.9) \times 2m = 5.2m$

【注释】 2.2——Ⓐ轴与Ⅶᴬ轴之间的轴距;

0.1——1/2 墙厚;

0.9——门 M921 的宽;

2——Ⓑ轴与Ⅶᴬ轴和Ⓒ轴与Ⅶᴄ轴之间的墙体。

②轴:$L = [15.9 \times 2-0.2 \times 6-(2.1-0.2 \times 2) \times 2]m = 27.2m$

【注释】 15.9——Ⓐ轴与Ⓑ轴之间的轴距;

2——轴线两侧；

0.2——墙厚；

6——墙个数；

2.1——Ⓑ轴与Ⓒ轴之间的轴距。

⑫轴：$L = (2.2 - 0.1 - 0.9 + 2.2 + 0.1 - 0.9) \times 2 \mathrm{m} = 5.2 \mathrm{m}$

【注释】　2.2——Ⓑ轴与⑭Ⓐ轴之间的轴距；

0.1——1/2 墙厚；

0.9——门 M921 的宽；

2——Ⓑ轴与⑭Ⓐ轴和Ⓒ轴与⑭Ⓒ轴之间的墙体。

③轴：$L = [15.9 \times 2 - 0.2 \times 3 - (2.1 - 0.2 \times 2) \times 2 + 3] \mathrm{m} = 30.8 \mathrm{m}$

【注释】　15.9——Ⓐ轴与Ⓑ轴之间的轴距；

2——轴线两侧；

0.2——墙厚；

3——墙个数；

2.1——Ⓑ轴与Ⓒ轴之间的轴距；

3——楼梯踏步侧面上踢脚线的总高度。

④轴：$L = [15.9 \times 2 - 0.2 \times 3 - (2.1 - 0.2 \times 2) \times 2 - 0.9 \times 2 + 3] \mathrm{m} = 29 \mathrm{m}$

【注释】　15.9——Ⓐ轴与Ⓑ轴之间的轴距；

2——轴线两侧；

0.2——墙厚；

3——墙个数；

2.1——Ⓑ轴与Ⓒ轴之间的轴距；

0.9——门 M0921 的宽；

2——门两侧；

3——楼梯踏步侧面上踢脚线的总高度。

⑭轴：$L = (2.2 - 0.1 - 0.9 + 2.2 + 0.1 - 0.9) \mathrm{m} = 2.6 \mathrm{m}$

【注释】　2.2——Ⓑ轴与⑭Ⓐ轴之间的轴距；

0.1——1/2 墙厚；

0.9——门 M921 的宽。

⑤轴：$L = [15.9 \times 2 - 0.2 \times 5 - (2.1 - 0.2 \times 2) \times 2] \mathrm{m} = 27.4 \mathrm{m}$

【注释】　15.9——Ⓐ轴与Ⓑ轴之间的轴距；

2——轴线两侧；

0.2——墙厚；

5——墙个数；

2.1——Ⓑ轴与Ⓒ轴之间的轴距。

⑮轴：$L = (2.2 - 0.1 - 0.9 + 2.2 + 0.1 - 0.9) \times 2 \mathrm{m} = 5.2 \mathrm{m}$

【注释】　2.2——Ⓐ轴与⑭Ⓐ轴之间的轴距；

0.1——1/2 墙厚；

0.9——门 M921 的宽；

2——Ⓑ轴与⑭Ⓐ轴和Ⓒ轴与⑭Ⓒ轴之间的墙体。

⑥轴:$L = [15.9 \times 2 - 0.2 \times 6 - (2.1 - 0.2 \times 2) \times 2]m = 27.2m$

【注释】　15.9——Ⓐ轴与Ⓑ轴之间的轴距;

　　　　　2——轴线两侧;

　　　　　0.2——墙厚;

　　　　　6——墙个数;

　　　　　2.1——Ⓑ轴与Ⓒ轴之间的轴距。

⑩6轴:$L = (2.2 - 0.1 - 0.9 + 2.2 + 0.1 - 0.9) \times 2m = 5.2m$

【注释】　2.2——Ⓐ轴与⑩A轴之间的轴距;

　　　　　0.1——1/2 墙厚;

　　　　　0.9——门 M921 的宽;

　　　　　2——Ⓑ轴与⑩A轴和Ⓒ轴与⑩C轴之间的墙体。

⑦轴:$L = (15.9 - 0.2 \times 4)m = 15.1m$

【注释】　15.9——Ⓐ轴与Ⓑ轴之间的轴距;

　　　　　0.2——墙厚;

　　　　　4——墙个数。

$\sum = 345.1m$

一层踢脚线工程量:$345.1 \times 0.15m^2 = 51.77m^2$

【注释】　345.1——一层踢脚线总长度;

　　　　　0.15——踢脚线高度。

(2)二层。(见图1-6)

Ⓐ轴:$L = (23.4 - 0.2 \times 5)m = 22.4m$

【注释】　23.4——①轴与⑦轴之间的轴距;

　　　　　0.2——墙厚;

　　　　　7——墙个数。

⑩A轴:$L = [(2.2 + 0.1 + 2.2 - 0.1) \times 2 + (2.3 - 0.1 + 0.1 + 2.3 - 0.1 \times 2) \times 4]m$
$= 26.4m$

【注释】　2.2——①轴与⑩1轴之间的轴距;

　　　　　0.1——1/2 墙厚;

　　　　　2——①轴与⑩1轴和⑦轴与⑩6轴之间的墙体;

　　　　　2.3——②轴与⑩2轴之间的轴距;

　　　　　4——②轴与⑩2轴、③轴与⑩3轴、⑤轴与⑩4轴和⑥轴与⑩5轴之间的墙体。

Ⓑ轴:$L = [(3.9 - 0.2 - 0.1 - 0.9 + 3.9 - 0.9) \times 2 + (3.9 - 0.1 - 0.2 - 0.1 - 0.9 + 3.9 - 0.9) \times 4]m$
$= 33.8m$

【注释】　3.9——①轴与②轴之间的轴距;

　　　　　0.2——墙厚;

　　　　　0.1——1/2 墙厚;

　　　　　0.9——门 M0921 的宽;

　　　　　2——①轴与⑩1轴和⑦轴与⑩6轴之间的墙体;

　　　　　3.9——②轴与③轴之间的轴距;

　　　　　4——②轴与⑩2轴、③轴与⑩3轴、⑤轴与⑩4轴和⑥轴与⑩5轴之间的墙体。

ⓒ轴：$L = [(3.9 - 0.2 - 0.1 - 0.9 + 3.9 - 0.9) \times 2 + (3.9 - 0.1 - 0.2 - 0.1 - 0.9 + 3.9 - 0.9) \times 3]m$
　　　$= 28.2m$

【注释】　3.9——①轴与②轴之间的轴距；

　　　　　0.2——墙厚；

　　　　　0.1——1/2 墙厚；

　　　　　0.9——门 M0921 的宽；

　　　　　2——①轴与⑪轴和⑦轴与⑯轴之间的墙体；

　　　　　3.9——②轴与③轴之间的轴距；

　　　　　3——②轴与⑫轴、⑤轴与⑭轴和⑥轴与⑮轴之间的墙体。

⑪ⓒ轴：$L = [(2.2 - 0.1 + 2.2 + 0.1) \times 2 + (2.3 - 0.1 + 0.1 + 2.3 - 0.1 \times 2) \times 3]m = 22.0m$

【注释】　2.2——①轴与⑪轴之间的轴距；

　　　　　0.1——1/2 墙厚；

　　　　　2——①轴与⑪轴和⑦轴与⑯轴之间的墙体；

　　　　　2.3——②轴与⑫轴之间的轴距；

　　　　　3——②轴与⑫轴、⑤轴与⑭轴和⑥轴与⑮轴之间的墙体。

②ⓒ轴：$L = (3.9 - 0.1 \times 2) \times 2m = 7.4m$

【注释】　3.9——③轴与④轴之间的轴距；

　　　　　0.1——1/2 墙厚；

　　　　　2——墙个数。

Ⓓ轴：$L = [(3.9 - 0.1) \times 2 + (3.9 - 0.1 \times 2) \times 4]m = 22.4m$

【注释】　23.4——①轴与⑦轴之间的轴距；

　　　　　0.1——1/2 墙厚；

　　　　　5——墙个数。

①轴：$L = (15.9 - 0.2 \times 4)m = 15.1m$

【注释】　15.9——Ⓐ轴与Ⓑ轴之间的轴距；

　　　　　0.2——墙厚；

　　　　　4——墙个数。

⑪①轴：$L = (2.2 - 0.1 - 0.9 + 2.2 + 0.1 - 0.9) \times 2m = 5.2m$

【注释】　2.2——Ⓐ轴与⑪Ⓐ轴之间的轴距；

　　　　　0.1——1/2 墙厚；

　　　　　0.9——门 M921 的宽；

　　　　　2——Ⓑ轴与⑪Ⓐ轴和ⓒ轴与⑪ⓒ轴之间的墙体。

②轴：$L = [15.9 \times 2 - 0.2 \times 6 - (2.1 - 0.2 \times 2) \times 2]m = 27.2m$

【注释】　15.9——Ⓐ轴与Ⓑ轴之间的轴距；

　　　　　2——轴线两侧；

　　　　　0.2——墙厚；

　　　　　6——墙个数；

　　　　　2.1——Ⓑ轴与ⓒ轴之间的轴距。

⑫轴：$L = (2.2 - 0.1 - 0.9 + 2.2 + 0.1 - 0.9) \times 2m = 5.2m$

【注释】　2.2——Ⓑ轴与⑪Ⓐ轴之间的轴距；

0.1——1/2 墙厚；

0.9——门 M921 的宽；

2——Ⓑ轴与ⓊⒶ轴和Ⓒ轴与ⓊⒸ轴之间的墙体。

③轴：$L = [15.9 \times 2 - 0.2 \times 5 - (2.1 - 0.2 \times 2) \times 2]m = 27.4m$

【注释】 15.9——Ⓐ轴与Ⓑ轴之间的轴距；

2——轴线两侧；

0.2——墙厚；

5——墙个数；

2.1——Ⓑ轴与Ⓒ轴之间的轴距。

Ⓤ③轴：$L = (2.2 - 0.1 - 0.9 + 2.2 + 0.1 - 0.9)m = 2.6m$

【注释】 2.2——Ⓑ轴与ⓊⒶ轴之间的轴距；

0.1——1/2 墙厚；

0.9——门 M921 的宽。

④轴：$L = [15.9 \times 2 - 0.2 \times 4 - (2.1 - 0.2 \times 2) \times 2 - 0.9 \times 2]m = 25.8m$

【注释】 15.9——Ⓐ轴与Ⓑ轴之间的轴距；

2——轴线两侧；

0.2——墙厚；

4——墙个数；

2.1——Ⓑ轴与Ⓒ轴之间的轴距；

0.9——门 M0921 的宽；

2——门两侧。

⑤轴：$L = [15.9 \times 2 - 0.2 \times 5 - (2.1 - 0.2 \times 2) \times 2]m = 27.4m$

【注释】 15.9——Ⓐ轴与Ⓑ轴之间的轴距；

2——轴线两侧；

0.2——墙厚；

5——墙个数；

2.1——Ⓑ轴与Ⓒ轴之间的轴距。

Ⓤ⑤轴：$L = (2.2 - 0.1 - 0.9 + 2.2 + 0.1 - 0.9) \times 2m = 5.2m$

【注释】 2.2——Ⓐ轴与ⓊⒶ轴之间的轴距；

0.1——1/2 墙厚；

0.9——门 M921 的宽；

2——Ⓑ轴与ⓊⒶ轴和Ⓒ轴与ⓊⒸ轴之间的墙体。

⑥轴：$L = [15.9 \times 2 - 0.2 \times 6 - (2.1 - 0.2 \times 2) \times 2]m = 27.2m$

【注释】 15.9——Ⓐ轴与Ⓑ轴之间的轴距；

2——轴线两侧；

0.2——墙厚；

6——墙个数；

2.1——Ⓑ轴与Ⓒ轴之间的轴距。

Ⓤ⑥轴：$L = (2.2 - 0.1 - 0.9 + 2.2 + 0.1 - 0.9) \times 2m = 5.2m$

【注释】 2.2——Ⓐ轴与ⓊⒶ轴之间的轴距；

0.1——1/2 墙厚；

0.9——门 M921 的宽；

2——Ⓑ轴与ⓋⒶ轴和Ⓒ轴与ⓋⒸ轴之间的墙体。

⑦轴：$L = (15.9 - 0.2 \times 4)\text{m} = 15.1\text{ m}$

【注释】　15.9——Ⓐ轴与Ⓑ轴之间的轴距；

　　　　　0.2——墙厚；

　　　　　4——墙个数。

$\sum = 351.1\text{m}$

二层踢脚线工程量：$351.1 \times 0.15\text{m}^2 = 52.665\text{m}^2$

【注释】　351.1——二层踢脚线总长度；

　　　　　0.15——踢脚线高。

（3）花岗岩踢脚线工程量汇总。

花岗石踢脚线总工程量：$(51.77 + 52.665)\text{m}^2 = 104.435\text{m}^2$

【注释】　51.77——一层踢脚线工程量；

　　　　　52.665——二层踢脚线工程量。

4）楼梯装饰

楼梯采用的面层材料为大理石，楼梯的具体尺寸如图 1-10、图1-11所示，楼梯梯井宽为100mm，故此楼梯面层工程包括楼梯井。

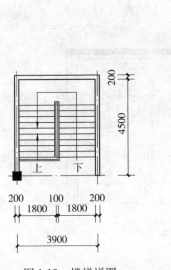

图 1-10　楼梯详图

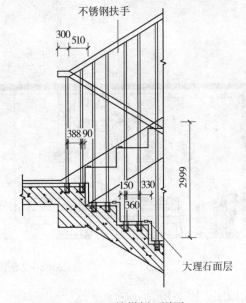

图 1-11　楼梯剖面详图

大理石面层工程量：$(3.9 - 0.1 \times 2) \times 3.83\text{m}^2 = 14.17\text{m}^2$

【注释】　3.9——③与④轴线之间的距离；

　　　　　0.1——轴线到墙边缘的距离；

　　　　　3.83——楼梯（包括踏步、休息平台及500mm 以内的楼梯井）水平投影面长度，

　　　　　　　　　如图 1-8 所示。

5）散水工程量

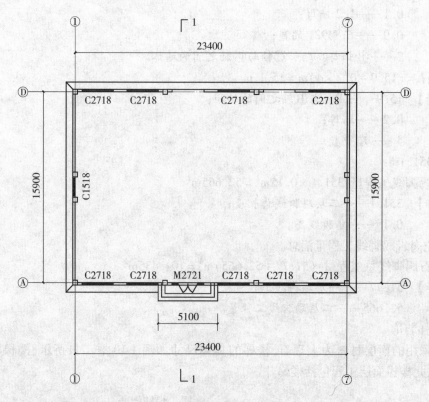

图 1-12　散水示意图　1:100

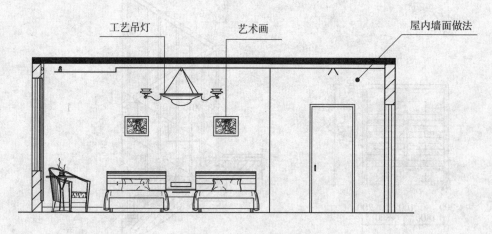

图 1-13　2－2 剖面图

散水的做法如图 1-12 所示。

工程量：$[(23.4+0.2\times2+0.6\times2)\times2\times0.6+(15.9+0.2\times2)\times2\times0.6-5.1\times0.6]m^2$

$=46.5m^2$

【注释】　23.4——①轴与⑦轴线之间的距离；

0.2——①与⑦轴线到墙外边缘的距离；

0.6——散水的宽度；

15.9——Ⓐ与Ⓓ轴线之间的距离；

5.1——台阶的宽度。

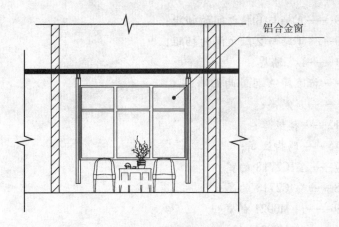

图 1-14　3-3 剖面图

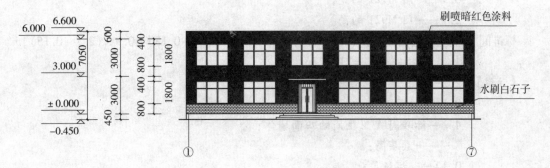

图 1-15　正立面图

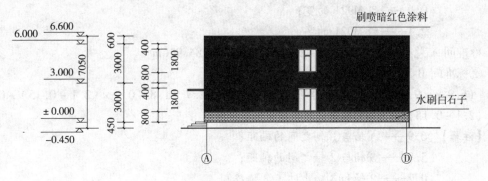

图 1-16　左立面图

2. 墙、柱面工程

层高——3.0m,板厚 120mm,踢脚线 150mm。

1)室内墙面抹灰工程

室内墙面抹灰工程量 = 主墙间净长度 × 墙面高度 - 门窗等面积 + 垛的侧面抹灰面积

室内抹灰工程量计算如下。

(1)一层。(见图 1-5、表 1-1)

①标准间 A 房间墙面面积。

$[(6.9 + 3.9 - 0.1) \times 2 \times (3.0 - 0.12 - 0.15) - 2.7 \times 1.8 - 0.9 \times (2.1 - 0.15) - 0.9 \times (2.1 - 0.15)]m^2 = 50.052m^2$

21

【注释】 6.9——Ⓐ轴与Ⓑ轴之间的轴距；

3.9——①轴与②轴之间的轴距；

0.1——1/2 墙厚；

2——标准间 A 另外两面墙；

3——一层层高；

0.12——楼板厚；

0.15——踢脚线高；

2.7——窗 C2718 的宽；

1.8——窗 C2718 的高；

0.9——门 M0921 的宽；

2.1——门 M0921 的高；

0.9——门 M921 的宽；

2.1——门 M921 的高。

标准间 A 卫生间墙面面积：$[(2.2-0.1)\times4\times(3.0-0.12-0.15)-0.9\times(2.1-0.15)]m^2$
$$=21.177m^2$$

【注释】 2.2——Ⓐ轴与Ⓐ/A轴之间的轴距；

0.1——1/2 墙厚；

4——标准间 A 卫生间的四面墙体；

3——一层层高；

0.12——楼板厚；

0.15——踢脚线高；

0.9——门 M921 的宽；

2.1——门 M921 的高。

标准间 A 总工程量：$(50.052+21.177)\times4m^2=284.916m^2$

②标准间 B 房间墙面面积。

$[(6.9+3.9-0.2)\times2\times(3.0-0.12-0.15)-2.7\times1.8-0.9\times(2.1-0.15)-0.9\times(2.1-0.15)]m^2=49.506m^2$

【注释】 6.9——Ⓐ轴与Ⓑ轴之间的轴距；

3.9——③轴与②轴之间的轴距；

0.2——②轴和③轴上的 1/2 墙厚；

3——一层层高；

0.12——楼板厚；

0.15——踢脚线高；

2.7——窗 C2718 的宽；

1.8——窗 C2718 的高；

0.9——门 M0921 的宽；

2.1——门 M0921 的高；

0.9——门 M921 的宽；

2.1——门 M921 的高。

标准间 B 卫生间墙面面积：$[(2.3-0.1+2.2-0.1)\times2\times(3.0-0.12-0.15)-0.9\times$

$$(2.1 - 0.15)]m^2 = 21.723m^2$$

【注释】　2.3——②轴与⑫轴之间的轴距；

0.1——②轴上的 1/2 墙厚；

2.2——⑰A轴与⑧轴之间的轴距；

0.1——⑰A轴上的 1/2 墙厚；

2——标准间 B 卫生间另外两面墙体；

3——一层层高；

0.12——楼板厚；

0.15——踢脚线高；

0.9——门 M921 的宽；

2.1——门 M921 的高。

标准间 B 总工程量：$(49.506 + 21.723) \times 5m^2 = 356.145m^2$

③洁具间墙面面积。

$[(3.9 + 6.9 - 0.2) \times 2 \times (3.0 - 0.12 - 0.15) - 2.7 \times 1.8 - 0.9 \times (2.1 - 0.15) - 0.9 \times (2.1 - 0.15)]m^2 = 49.506m^2$

【注释】　6.9——ⓒ轴与Ⓓ轴之间的轴距；

3.9——④轴与⑤轴之间的轴距；

0.2——墙厚；

2——洁具间另外两面墙体；

3——一层层高；

0.12——楼板厚；

0.15——踢脚线高；

2.7——窗 C2718 的宽；

1.8——窗 C2718 的高；

0.9——门 M0921 的宽；

2.1——门 M0921 的高。

④配电室墙面面积。

$[(3.9 - 0.2 + 2.2 - 0.1) \times 2 \times (3.0 - 0.12 - 0.15) - 0.9 \times (2.1 - 0.15)]m^2 = 29.913m^2$

【注释】　3.9——④轴与⑤轴之间的轴距；

0.2——墙厚；

2.2——⑳Ⓒ轴与Ⓓ轴之间的轴距；

0.1——1/2 墙厚；

2——配电室另外两面墙体；

3——一层层高；

0.12——楼板厚；

0.15——踢脚线高；

0.9——门 M0921 的宽；

2.1——门 M0921 的高。

⑤楼梯间墙面面积。

$$[3.9 + (6.9 - 2.2 + 0.1) \times 2] \times 3m^2 = 40.5m^2$$

【注释】 3.9——④轴与⑤轴之间的轴距；

6.9——ⓒ轴与ⓓ轴之间的轴距；

2.2——⑳ⓒ轴与ⓓ轴之间的轴距；

0.1——1/2 墙厚；

2——ⓒ轴与⑳ⓒ轴之间的两面墙体；

3——一层层高。

⑥大厅墙面面积。

$\{[(6.9+0.2)\times2+3.9-0.2]\times(3.0-0.12-0.15)-2.7\times(2.1-0.15)\}m^2=43.602m^2$

【注释】 6.9——Ⓐ轴与⑩Ⓐ轴之间的轴距；

0.2——Ⓑ轴上的墙厚；

2——③轴和④轴上的墙；

3.9——③轴与④轴之间的轴距；

0.2——Ⓐ轴上的墙体；

3——一层层高；

0.12——楼板厚；

0.15——踢脚线高；

2.7——门 M2721 的宽；

2.1——门 M2721 的高。

⑦走廊墙面面积。

$\{[23.4-(3.9-0.2)]\times2\times(3.0-0.12-0.15)-0.9\times(2.1-0.15)\times10-1.5\times1.8\times2\}m^2=$
$84.612m^2$

【注释】 23.4——①轴与⑦轴之间的轴距；

3.9——③轴与④轴之间的轴距；

0.2——③轴和④轴上的 1/2 墙厚；

2——Ⓑ轴和ⓒ轴上两侧的墙体；

3——一层层高；

0.12——楼板厚；

0.15——踢脚线高；

0.9——门 M0921 的宽；

2.1——门 M0921 的高；

10——Ⓑ轴和ⓒ轴上 M0921 的个数；

1.5——窗 C1518 的宽；

1.8——窗 C1518 的高；

2——窗 C1518 走廊两头的个数。

⑧一层室内墙面抹灰工程量。

$(284.916+356.145+49.506+29.913+40.5+43.602+84.612)m^2=889.294m^2$

【注释】 284.916——一层标准间 A 的墙面抹灰面积；

356.145——一层标准间 B 的墙面抹灰面积；

49.506——一层洁具间墙面的抹灰面积；

29.913——一层配电室墙面的抹灰面积；

40.5——楼梯间墙面的抹灰面积；

43.602——一层大厅墙面的抹灰面积；

84.612——一层走廊墙面的抹灰面积。

(2)二层。

①标准间 A 房间墙面面积。

$[(6.9+3.9-0.1)\times2\times(3.0-0.12-0.15)-2.7\times1.8-0.9\times(2.1-0.15)-0.9\times(2.1-0.15)]m^2=50.052m^2$

【注释】 6.9——Ⓐ轴与Ⓑ轴之间的轴距；

3.9——①轴与②轴之间的轴距；

0.1——1/2 墙厚；

2——标准间 A 另外两面墙；

3——一层层高；

0.12——楼板厚；

0.15——踢脚线高；

2.7——窗 C2718 的宽；

1.8——窗 C2718 的高；

0.9——门 M0921 的宽；

2.1——门 M0921 的高；

0.9——门 M921 的宽；

2.1——门 M921 的高。

标准间 A 卫生间墙面面积：$[(2.2-0.1)\times4\times(3.0-0.12-0.15)-0.9\times(2.1-0.15)]m^2=21.177m^2$

【注释】 2.2——Ⓐ轴与Ⓐ/Ⓐ轴之间的轴距；

0.1——1/2 墙厚；

4——标准间 A 卫生间的四面墙体；

3——一层层高；

0.12——楼板厚；

0.15——踢脚线高；

0.9——门 M921 的宽；

2.1——门 M921 的高。

标准间 A 总工程量：$(50.052+21.177)\times4m^2=284.916m^2$

②标准间 B 房间墙面面积。

$[(6.9+3.9-0.2)\times2\times(3.0-0.12-0.15)-2.7\times1.8-0.9\times(2.1-0.15)-0.9\times(2.1-0.15)]m^2=49.506m^2$

【注释】 6.9——Ⓐ轴与Ⓑ轴之间的轴距；

3.9——③轴与②轴之间的轴距；

0.2——②轴和③轴上的 1/2 墙厚；

3——一层层高；

0.12——楼板厚；

0.15——踢脚线高；

2.7——窗 C2718 的宽；

1.8——窗 C2718 的高；

0.9——门 M0921 的宽；

2.1——门 M0921 的高；

0.9——门 M921 的宽；

2.1——门 M921 的高。

标准间 B 卫生间墙面面积：$[(2.3-0.1+2.2-0.1)\times2\times(3.0-0.12-0.15)-0.9\times$
$(2.1-0.15)]m^2=21.723m^2$

【注释】 2.3——②轴与⑫轴之间的轴距；

0.1——②轴上的 1/2 墙厚；

2.2——⑪A轴与B轴之间的轴距；

0.1——⑪A轴上的 1/2 墙厚；

2——标准间 B 卫生间另外两面墙体；

3——一层层高；

0.12——楼板厚；

0.15——踢脚线高；

0.9——门 M921 的宽；

2.1——门 M921 的高。

标准间 B 总工程量：$(49.506+21.723)\times6m^2=427.374m^2$

【注释】 49.506——标准间 B 墙面面积；

21.723——标准间 B 卫生间墙面面积。

③洁具间墙面面积。

$[(6.9+3.9-0.2)\times2\times(3.0-0.12-0.15)-2.7\times1.8-0.9\times(2.1-0.15)-0.9\times$
$(2.1-0.15)]m^2=49.506m^2$

【注释】 6.9——C轴与D轴之间的轴距；

3.9——④轴与⑤轴之间的轴距；

0.2——墙厚；

2——洁具间另外两面墙体；

3——一层层高；

0.12——楼板厚；

0.15——踢脚线高；

2.7——窗 C2718 的宽；

1.8——窗 C2718 的高；

0.9——门 M0921 的宽；

2.1——门 M0921 的高。

④配电室墙面面积。

$[(3.9-0.2+2.2-0.1)\times2\times(3.0-0.12-0.15)-0.9\times(2.1-0.15)]m^2=29.913m^2$

【注释】 3.9——④轴与⑤轴之间的轴距；

0.2——墙厚；

2.2——⑳C轴与D轴之间的轴距；

0.1——1/2 墙厚；

2——配电室另外两面墙体；

3——一层层高；

0.12——楼板厚；

0.15——踢脚线高；

0.9——门 M0921 的宽；

2.1——门 M0921 的高。

⑤楼梯间墙面。

$$[3.9 + (6.9 - 2.2 + 0.1) \times 2] \times (3 - 0.12) \text{m}^2 = 38.880 \text{m}^2$$

【注释】　3.9——④轴与⑤轴之间的轴距；

6.9——ⓒ轴与ⓓ轴之间的轴距；

2.2——㉒轴与ⓓ轴之间的轴距；

0.1——1/2 墙厚；

2——ⓒ轴与㉒轴之间的两面墙体；

3——一层层高；

0.12——楼板厚。

⑥走廊墙面面积。

$$\{[23.4 \times 2 - (3.9 - 0.2)] \times (3.0 - 0.12 - 0.15) - 0.9 \times (2.1 - 0.15) \times 11 - 1.5 \times 1.8 \times 2\} \text{m}^2 = 92.958 \text{m}^2$$

【注释】　23.4——①轴与⑦轴之间的轴距；

3.9——③轴与④轴之间的轴距；

0.2——③轴和④轴上的 1/2 墙厚；

2——ⓑ轴和ⓒ轴上两侧的墙体；

3——一层层高；

0.12——楼板厚；

0.15——踢脚线高；

0.9——门 M0921 的宽；

2.1——门 M0921 的高；

11——ⓑ轴和ⓒ轴上 M0921 的个数；

1.5——窗 C1518 的宽；

1.8——窗 C1518 的高；

2——窗 C1518 走廊两头的个数。

(3)室内墙面抹灰工程量汇总。

①二层室内墙面抹灰工程量。

$$(284.916 + 427.374 + 49.506 + 29.913 + 38.880 + 92.958) \text{m}^2 = 923.547 \text{m}^2$$

【注释】　284.916——二层标准间 A 的墙面抹灰面积；

427.374——二层标准间 B 的墙面抹灰面积；

49.506——二层洁具间墙面的抹灰面积；

29.913——二层配电室墙面的抹灰面积；

38.880——楼梯间墙面的抹灰面积；

92.958——二层走廊墙面的抹灰面积。

②室内墙面抹灰总工程量。

$$(889.294 + 923.547)m^2 = 1\,812.841m^2$$

【注释】 889.294——一层室内墙面抹灰总面积;

923.547——二层室内墙面抹灰总面积。

③卫生间墙面贴瓷砖墙面工程量。

$$21.723 \times (4 + 5 + 4 + 6)m^2 = 412.737m^2$$

【注释】 21.723——卫生间墙面面积;

4——为一层标准间 A 房间内的卫生间数;

5——为一层标准间 B 房间内的卫生间数;

4——二层标准间 A 房间内的卫生间数;

6——二层标准间 B 房间内的卫生间数。

2)室内墙裙工程

室内墙裙工程量 = 主墙间净长度×墙面高度 − 门窗所占面积 + 垛的侧面抹灰面积

室内墙裙为饰面板,高度为800mm,其工程量计算如下。

(1)一层。

①标准间 A 房间墙裙墙面面积。

$$[(6.9 + 3.9 - 0.1) \times 2 \times 0.8 - 0.9 \times 0.8 - 0.9 \times 0.8]m^2 = 15.5m^2$$

【注释】 6.9——Ⓐ轴与Ⓑ轴之间的轴距;

3.9——①轴与②轴之间的轴距;

0.1——1/2 墙厚;

2——标准间 A 另外两面墙;

0.8——墙裙高;

0.9——门 M0921 的宽;

0.9——门 M921 的宽。

标准间 A 总工程量:$15.5 \times 4m^2 = 62m^2$

【注释】 15.5——标准间 A 墙裙饰面板面积;

4——一层标准间 A 的房间数。

②标准间 B 房间墙裙墙面面积。

$$[(6.9 + 3.9 - 0.2) \times 2 \times 0.8 - 0.9 \times 0.8 - 0.9 \times 0.8]m^2 = 15.52m^2$$

【注释】 6.9——Ⓐ轴 −Ⓑ轴之间的轴距;

3.9——②轴 −③轴之间的轴距;

0.2——②轴和③轴上的1/2 墙厚;

2——标准间 A 另外两面墙;

0.8——墙裙高;

0.9——门 M0921 的宽;

0.9——门 M921 的宽。

③标准间 B 总工程量。

$$15.52 \times 5m^2 = 77.6m^2$$

【注释】 15.52——标准间 B 墙裙饰面板面积;

5——一层标准间 B 的房间数。

④洁具间墙裙墙面面积。

$$[(3.9-0.2+6.9)\times2\times0.8-0.9\times0.8\times2]m^2=15.52m^2$$

【注释】 3.9——④轴与⑤轴之间的轴距；

6.9——ⓒ轴与ⓓ轴之间的轴距；

0.2——④轴和⑤轴上的 1/2 墙厚；

2——标准间 A 另外两面墙；

0.8——墙裙高；

0.9——门 M0921 的宽；

2——门 M0921 的个数。

⑤配电室墙裙墙面面积。

$$[(3.9-0.1\times2+2.2-0.1)\times0.8-0.9\times0.8]m^2=3.92m^2$$

【注释】 3.9——④轴与③轴之间的轴距；

0.1——④轴和③轴上的 1/2 墙厚；

2.2——㉛轴与ⓓ轴之间的轴距；

0.1——㉛轴上的 1/2 墙厚；

0.8——墙裙高；

0.9——门 M0921 的宽。

⑥楼梯间墙裙墙面。

$$[3.9-0.1\times2+(6.9-2.2-0.1)\times2]\times0.8m^2=10.08m^2$$

【注释】 3.9——④轴与③轴之间的轴距；

0.1——1/2 墙厚；

2——④轴和③轴上的 1/2 墙厚；

6.9——ⓒ轴与ⓓ轴之间的轴距；

2.2——㉛轴与ⓓ轴之间的轴距；

0.1——㉛轴上的 1/2 墙厚；

2——④轴和③轴上的两面墙体；

0.8——墙裙高。

⑦一层室内墙裙工程量。

$$(62+77.6+15.52+3.92+10.08)m^2=169.12m^2$$

【注释】 62——标准间 A 室内墙裙工程量；

77.6——标准间 B 室内墙裙工程量；

15.2——洁具间室内墙裙工程量；

3.92——配电室室内墙裙工程量；

10.08——楼梯室内墙裙工程量。

(2)二层。

①二层标准间 A 室内墙裙面积。

$$[(6.9+3.9-0.1)\times2\times0.8-0.9\times0.8-0.9\times0.8]m^2=15.5m^2$$

【注释】 6.9——Ⓐ轴与Ⓑ轴之间的轴距；

3.9——①轴与②轴之间的轴距；

0.1——1/2 墙厚；

2——标准间 A 另外两面墙；

0.8——墙裙高；

0.9——门 M0921 的宽；

0.9——门 M921 的宽。

标准间 A 总工程量：$15.5 \times 4m^2 = 62m^2$

【注释】 15.5——为一层标准间 A 室内墙裙面积；

4——为一层标准间 A 的个数。

②标准间 B 房间墙裙墙面面积。

$[(6.9 + 3.9 - 0.2) \times 2 \times 0.8 - 0.9 \times 0.8 - 0.9 \times 0.8]m^2 = 15.52m^2$

【注释】 6.9——Ⓐ轴与Ⓑ轴之间的轴距；

3.9——②轴与③轴之间的轴距；

0.2——②轴和③轴上的 1/2 墙厚；

2——标准间 A 另外两面墙；

0.8——墙裙高；

0.9——门 M0921 的宽；

0.9——门 M921 的宽。

③标准间 B 总工程量。

$$15.52 \times 6m^2 = 93.12m^2$$

【注释】 15.52——标准间 B 墙裙饰面板面积；

5——一层标准间 B 的房间数。

④洁具间墙裙墙面面积。

$$[(3.9 - 0.2 + 6.9) \times 2 \times 0.8 - 0.9 \times 0.8 \times 2]m^2 = 15.52m^2$$

【注释】 3.9——④轴与⑤轴之间的轴距；

6.9——Ⓒ轴与Ⓓ轴之间的轴距；

0.2——④轴和⑤轴上的 1/2 墙厚；

2——标准间 A 另外两面墙；

0.8——墙裙高；

0.9——门 M0921 的宽；

2——门 M0921 的个数。

⑤配电室墙裙墙面面积。

$$[(3.9 - 0.1 \times 2 + 2.2 - 0.1) \times 0.8 - 0.9 \times 0.8]m^2 = 3.92m^2$$

【注释】 3.9——④轴与③轴之间的轴距；

0.1——④轴和③轴上的 1/2 墙厚；

2.2——②Ⓒ轴与Ⓓ轴之间的轴距；

0.1——②Ⓒ轴上的 1/2 墙厚；

0.8——墙裙高；

0.9——门 M0921 的宽。

⑥二层室内墙裙工程量。

$$(62 + 93.12 + 15.52 + 3.92)m^2 = 174.56m^2$$

【注释】 62——标准间 A 室内墙裙工程量；

77.6——标准间 B 室内墙裙工程量；

15.2——洁具间室内墙裙工程量；

3.92——配电室室内墙裙工程量。

(3)室内墙裙工程量汇总。

该建筑室内墙裙总工程量 $=(169.12+174.56)\mathrm{m}^2=343.68\mathrm{m}^2$

【注释】 169.12——一层室内墙裙工程量；

174.56——二层室内墙裙工程量。

3)室内装饰抹灰(墙裙以上部位)

工程量 = 室内墙面抹灰 - 室内墙裙 $=(1\ 812.841-343.68)\mathrm{m}^2=1\ 469.16\mathrm{m}^2$

4)外墙面抹灰工程

外墙面抹灰工程量 = 外墙面长度 × 墙面高度 - 门窗等面积 + 垛梁柱的侧面抹灰面积

(1)外墙面水泥砂浆工程量。

$\{[(23.4+0.2\times2)+(15.9+0.2\times2)]\times2\times(6.6-0.8)-2.7\times1.8\times(12+11)-2.7\times(2.1-0.8)-1.5\times1.8\times4\}\mathrm{m}^2=229.07\mathrm{m}^2$

【注释】 23.4——①轴与⑦轴之间的轴距；

0.2——①轴和⑦轴上的墙厚；

2——①轴和⑦轴上两侧墙体数量；

15.9——Ⓐ轴与Ⓓ轴之间的轴距；

0.2——Ⓐ轴和Ⓓ轴上的墙厚；

2——Ⓐ轴和Ⓓ轴上墙的数量；

2——两侧的墙体；

6.6——楼层高(包括女儿墙)；

0.8——墙裙高；

2.7——窗 C2718 的宽；

1.8——窗 C2718 的高；

11——一层窗 C2718 的个数；

12——二层窗 C2718 的个数；

2.7——门 M2721 的宽；

1.8——门 M2721 的高；

1.8——窗 C1518 的高；

1.5——窗 C1518 的宽；

4——窗 C1518 的个数。

(2)外墙面装饰抹灰工程。

外墙面装饰抹灰工程量 = 外墙面长度 × 抹灰高度 - 门窗等高度 + 垛梁柱的侧面抹灰面积

外墙裙高 800mm 的水刷白石子,其工程量为

$\{[(23.4+0.2\times2)+(15.9+0.2\times2)]\times2\times0.8-2.7\times0.8\}\mathrm{m}^2=62\mathrm{m}^2$

【注释】 23.4——①轴与⑦轴之间的轴距；

0.2——①轴和⑦轴上的墙厚；

2——①轴和⑦轴上两侧墙体数量；

15.9——Ⓐ轴与Ⓓ轴之间的轴距;

0.2——Ⓐ轴和Ⓓ轴上的墙厚;

2——Ⓐ轴和Ⓓ轴上墙的数量;

0.8——墙裙高;

2.7——门 M2721 的宽。

(3)外墙勒脚工程量。

$$[(23.4+0.2\times2)\times2-(3.9+0.3\times4)+(15.9+0.2\times2)\times2]m=75.1m$$

【注释】 23.4——①轴与⑦轴之间的轴距;

0.2——①轴和⑦轴上的墙厚;

2——①轴和⑦轴上两侧墙体数量;

2——Ⓐ轴与Ⓓ轴上的两墙体;

3.9——③轴与④轴之间的轴距;

0.3——台阶踏步宽;

4——台阶两侧的踏步数;

15.9——Ⓐ轴与Ⓓ轴之间的轴距;

0.2——Ⓐ轴和Ⓓ轴上的墙厚;

2——Ⓐ轴和Ⓓ轴上墙的数量;

2——①轴与⑦轴上的两墙体。

勒脚高 450mm,外墙勒脚工程量 $=75.1\times0.45m^2=33.795m^2$

3. 天棚工程

1)天棚抹灰

天棚抹灰工程量 = 主墙间的净长度 × 主墙间的净宽度

(1)一层。

①标准间 A 房间(不包括卫生间)。

$$[(3.9-0.1)\times(6.9-2.2-0.1)+(2.2+0.1)\times(1.7-0.2)]m^2=20.93m^2$$

【注释】 3.9——①轴与②轴之间的轴距;

0.1——②轴上的 1/2 墙厚;

6.9——Ⓐ轴与Ⓑ轴之间的轴距;

2.2——Ⓐ/Ⓐ轴与Ⓑ轴之间的轴距;

0.1——Ⓐ/Ⓐ轴上的 1/2 墙厚;

1.7——①/①轴与②轴之间的轴距;

0.2——①/①轴和②轴上的 1/2 墙厚。

标准间 A 卫生间:$(2.2-0.1)\times(2.2-0.1)m^2=4.41m^2$

【注释】 2.2——Ⓐ/Ⓐ轴与Ⓑ轴之间的轴距;

0.1——Ⓐ/Ⓐ轴上的 1/2 墙厚;

2.2——①/①轴与①轴之间的轴距;

0.1——①/①轴上的 1/2 墙厚。

共计:$(20.93+4.41)\times4m^2=101.36m^2$

【注释】 20.93——标准间 A 房间(不包括卫生间)的天棚抹灰面积;

4.41——标准间 A 房间卫生间的天棚抹灰面积;

4——一层标准间 A 房间的数量。

②标准间 B 房间(不包括卫生间)。

$$[(3.9-0.2)\times(6.9-2.2-0.1)+(1.6-0.1\times2)\times(2.2+0.1)]m^2=20.24m^2$$

【注释】　3.9——③轴与②轴之间的轴距;

　　　　　0.2——③轴和②轴上的 1/2 墙厚;

　　　　　6.9——Ⓐ轴与Ⓑ轴之间的轴距;

　　　　　2.2——①Ⓐ轴与Ⓑ轴之间的轴距;

　　　　　0.1——①Ⓐ轴上的 1/2 墙厚;

　　　　　1.6——①②轴与③轴之间的轴距;

　　　　　0.1——①②轴和③轴上的 1/2 墙厚;

　　　　　2——①②轴和③轴上两侧墙体数量;

　　　　　2.2——①Ⓐ轴与Ⓑ轴之间的轴距;

　　　　　0.1——①Ⓐ轴上的 1/2 墙厚。

标准间 B 房间卫生间:$(2.3-0.1\times2)\times(2.2-0.1)m^2=4.41m^2$

【注释】　2.3——①②轴与②轴之间的轴距;

　　　　　0.1——②轴和①②轴上的 1/2 墙厚;

　　　　　2.2——①Ⓐ轴–Ⓑ轴之间的轴距;

　　　　　0.1——①Ⓐ轴上的 1/2 墙厚。

共计:$(20.24+4.41)\times5m^2=123.25m^2$

【注释】　20.24——标准间 B 房间(不包括卫生间)的天棚抹灰面积;

　　　　　4.41——标准间 B 房间卫生间的天棚抹灰面积;

　　　　　5——一层标准间 B 房间的数量。

③配电室。

$$(3.9-0.2)\times(2.2-0.1)m^2=7.77m^2$$

【注释】　3.9——③轴与④轴之间的轴距;

　　　　　0.2——④轴和③轴上的 1/2 墙厚;

　　　　　2.2——②Ⓒ轴与Ⓓ轴之间的轴距;

　　　　　0.1——②Ⓒ轴上的 1/2 墙厚。

④大厅。

$$(3.9-0.2)\times6.9m^2=25.53m^2$$

【注释】　3.9——③轴与④轴之间的轴距;

　　　　　0.2——④轴和③轴上的 1/2 墙厚;

　　　　　6.9——Ⓐ轴与Ⓑ轴之间的轴距。

⑤走廊。

$$23.4\times(2.1-0.2\times2)m^2=39.78m^2$$

【注释】　23.4——①轴与⑦轴之间的轴距;

　　　　　2.1——Ⓑ轴与Ⓒ轴之间的轴距;

　　　　　0.2——Ⓑ轴和Ⓒ轴上的墙厚;

　　　　　2——Ⓑ轴和Ⓒ轴上两侧墙体数量。

⑥楼梯间(见图1-10)。

$$(6.9-2.2+0.2-0.1-4.5+\sqrt{(4.5^2+3^2)}\times2)\times(3.9-0.1\times2)m^2=19.27m^2$$

【注释】 6.9——Ⓒ轴与Ⓓ轴之间的轴距;

2.2——②Ⓒ轴与Ⓓ轴之间的轴距;

0.2——Ⓒ轴上的1/2墙厚;

0.1——②Ⓒ轴上的1/2墙厚;

4.5——楼梯间楼梯板水平投影;

3——一层楼梯间高;

2——2个楼梯斜板数量;

3.9——③轴与④轴之间的轴距;

0.1——④轴和③轴上的1/2墙厚;

2——③轴和④轴上两侧墙体数量。

⑦洁具间。

$$3.9\times6.9m^2=26.91m^2$$

【注释】 3.9——④轴与⑤轴之间的轴距;

6.9——Ⓒ轴与Ⓓ轴之间的轴距。

(2)二层。

①标准间 A 房间(不包括卫生间)。

$$[(3.9-0.1)\times(6.9-2.2-0.1)+(2.2+0.1)\times(1.7-0.2)]m^2=20.93m^2$$

【注释】 3.9——①轴与②轴之间的轴距;

0.1——②轴上的1/2墙厚;

6.9——Ⓐ轴与Ⓑ轴之间的轴距;

2.2——①Ⓐ轴与Ⓑ轴之间的轴距;

0.1——①Ⓐ轴上的1/2墙厚;

1.7——①①轴与②轴之间的轴距;

0.2——①①轴和②轴上的1/2墙厚。

标准间 A 卫生间:$(2.2-0.1)\times(2.2-0.1)m^2=4.41m^2$

【注释】 2.2——①Ⓐ轴与Ⓑ轴之间的轴距;

0.1——①Ⓐ轴上的1/2墙厚;

2.2——①①轴与①轴之间的轴距;

0.1——①①轴上的1/2墙厚。

共计:$(20.93+4.41)\times4m^2=101.36m^2$

【注释】 20.93——标准间 A 房间(不包括卫生间)的天棚抹灰面积;

4.41——标准间 A 房间卫生间的天棚抹灰面积;

4——一层标准间 A 房间的数量。

②标准间 B 房间(不包括卫生间)。

$$[(3.9-0.2)\times(6.9-2.2-0.1)+(1.6-0.1\times2)\times(2.2+0.1)]m^2=20.24m^2$$

【注释】 3.9——③轴与②轴之间的轴距;

0.2——③轴和②轴上的1/2墙厚;

6.9——Ⓐ轴与Ⓑ轴之间的轴距；

2.2——①/Ⓐ轴与Ⓑ轴之间的轴距；

0.1——①/Ⓐ轴上的 1/2 墙厚；

1.6——①/②轴与③轴之间的轴距；

0.1——①/②轴和③轴上的 1/2 墙厚；

2——①/②轴和③轴上两侧墙体数量；

2.2——①/Ⓐ轴与Ⓑ轴之间的轴距；

0.1——①/Ⓐ轴上的 1/2 墙厚。

标准间 B 房间卫生间：$(2.3 - 0.1 \times 2) \times (2.2 - 0.1)\,\mathrm{m}^2 = 4.41\,\mathrm{m}^2$

【注释】　2.3——①/②轴与②轴之间的轴距；

0.1——②轴和①/②轴上的 1/2 墙厚；

2.2——①/Ⓐ轴与Ⓑ轴之间的轴距；

0.1——①/Ⓐ轴上的 1/2 墙厚。

共计：$(20.24 + 4.41) \times 6\,\mathrm{m}^2 = 147.9\,\mathrm{m}^2$

【注释】　20.24——标准间 B 房间（不包括卫生间）的天棚抹灰面积；

4.41——标准间 B 房间卫生间的天棚抹灰面积；

6——二层标准间 B 房间的数量。

③配电室。

$$(3.9 - 0.2) \times (2.2 - 0.1)\,\mathrm{m}^2 = 7.77\,\mathrm{m}^2$$

【注释】　3.9——③轴与④轴之间的轴距；

0.2——④轴和③轴上的 1/2 墙厚；

2.2——②/Ⓒ轴与Ⓓ轴之间的轴距；

0.1——②/Ⓒ轴上的 1/2 墙厚。

④走廊。

$$23.4 \times (2.1 - 0.2 \times 2)\,\mathrm{m}^2 = 39.78\,\mathrm{m}^2$$

【注释】　23.4——①轴与⑦轴之间的轴距；

2.1——Ⓑ轴与Ⓒ轴之间的轴距；

0.2——Ⓑ轴和Ⓒ轴上的墙厚；

2——Ⓑ轴和Ⓒ轴上两侧墙体数量。

⑤洁具间。

$$3.9 \times 6.9\,\mathrm{m}^2 = 26.91\,\mathrm{m}^2$$

【注释】　3.9——④轴与⑤轴之间的轴距；

6.9——Ⓒ轴与Ⓓ轴之间的轴距。

（3）天棚抹灰工程量汇总。

$(101.36 + 123.25 + 7.77 + 25.53 + 39.78 + 19.27 + 26.91 + 101.36 + 147.9 + 7.77 + 39.78 + 26.91)\,\mathrm{m}^2 = 337.59\,\mathrm{m}^2$

【注释】　101.36——一层标准间 A 的天棚抹灰工程量；

123.25——一层标准间 B 的天棚抹灰工程量；

7.77——一层配电室的天棚抹灰工程量；

25.53——一层大厅的天棚抹灰工程量；

39.78——一层走廊的天棚抹灰工程量；

19.27——楼梯间的天棚抹灰工程量；

26.91——一层洁具间的天棚抹灰工程量；

101.36——二层标准间 A 的天棚抹灰工程量；

147.9——二层标准间 B 的天棚抹灰工程量；

7.77——二层配电室的天棚抹灰工程量；

39.78——二层走廊的天棚抹灰工程量；

26.91——二层洁具间的天棚抹灰工程量。

2)天棚吊顶工程

(1)一层。

①标准间 A 房间(不包括卫生间)。

$[(3.9-0.1)\times(6.9-2.2-0.1)+(2.2+0.1)\times(1.7-0.2)]m^2=20.93m^2$

【注释】 3.9——①轴与②轴之间的轴距；

0.1——②轴上的 1/2 墙厚；

6.9——Ⓐ轴与Ⓑ轴之间的轴距；

2.2——Ⓥ轴与Ⓑ轴之间的轴距；

0.1——Ⓥ轴上的 1/2 墙厚；

1.7——Ⓥ轴与②轴之间的轴距；

0.2——Ⓥ轴和②轴上的 1/2 墙厚。

共计：$20.93\times4m^2=83.72m^2$

【注释】 20.93——标准间 A 房间(不包括卫生间)的天棚抹灰面积；

4——一层标准间 A 房间的数量。

②标准间 B 房间(不包括卫生间)。

$[(3.9-0.2)\times(6.9-2.2-0.1)+(1.6-0.1\times2)\times(2.2+0.1)]m^2=20.24m^2$

【注释】 3.9——③轴与②轴之间的轴距；

0.2——③轴和②轴上的 1/2 墙厚；

6.9——Ⓐ轴与Ⓑ轴之间的轴距；

2.2——Ⓥ轴与Ⓑ轴之间的轴距；

0.1——Ⓥ轴上的 1/2 墙厚；

1.6——Ⓥ轴与③轴之间的轴距；

0.1——Ⓥ轴和③轴上的 1/2 墙厚；

2——Ⓥ轴和③轴上两侧墙体数量；

2.2——Ⓥ轴与Ⓑ轴之间的轴距；

0.1——Ⓥ轴上的 1/2 墙厚。

共计：$20.24\times5m^2=101.2m^2$

【注释】 20.24——标准间 B 房间(不包括卫生间)的天棚抹灰面积；

5——一层标准间 B 房间的数量。

③配电室。

$$(3.9-0.2)\times(2.2-0.1)m^2=7.77m^2$$

【注释】 3.9——③轴与④轴之间的轴距；

0.2——④轴和③轴上的 1/2 墙厚；

2.2——⑳轴与①轴之间的轴距；

0.1——⑳轴上的 1/2 墙厚。

走廊：$23.4 \times (2.1 - 0.2 \times 2) \mathrm{m}^2 = 39.78 \mathrm{m}^2$

【注释】　23.4——①轴与⑦轴之间的轴距；

2.1——⑧轴与⑥轴之间的轴距；

0.2——⑧轴和⑥轴上的墙厚；

2——⑧轴和⑥轴上两侧墙体数量。

④洁具间。

$$3.9 \times 6.9 \mathrm{m}^2 = 26.91 \mathrm{m}^2$$

【注释】　3.9——④轴与⑤轴之间的轴距；

6.9——⑥轴与①轴之间的轴距。

(2)二层。

①标准间 A 房间(不包括卫生间)。

$[(3.9 - 0.1) \times (6.9 - 2.2 - 0.1) + (2.2 + 0.1) \times (1.7 - 0.2)] \mathrm{m}^2 = 20.93 \mathrm{m}^2$

【注释】　3.9——①轴与②轴之间的轴距；

0.1——②轴上的 1/2 墙厚；

6.9——④轴与⑧轴之间的轴距；

2.2——⑳轴与⑧轴之间的轴距；

0.1——⑳轴上的 1/2 墙厚；

1.7——⑪轴与②轴之间的轴距；

0.2——⑪轴和②轴上的 1/2 墙厚。

共计：$20.93 \times 4 \mathrm{m}^2 = 83.72 \mathrm{m}^2$

【注释】　20.93——标准间 A 房间(不包括卫生间)的天棚抹灰面积；

4——一层标准间 A 房间的数量。

②标准间 B 房间(不包括卫生间)。

$[(3.9 - 0.2) \times (6.9 - 2.2 - 0.1) + (1.6 - 0.1 \times 2) \times (2.2 + 0.1)] \mathrm{m}^2 = 20.24 \mathrm{m}^2$

【注释】　3.9——③轴与②轴之间的轴距；

0.2——③轴和②轴上的 1/2 墙厚；

6.9——④轴与⑧轴之间的轴距；

2.2——⑪轴与⑧轴之间的轴距；

0.1——⑪轴上的 1/2 墙厚；

1.6——⑫轴与③轴之间的轴距；

0.1——⑫轴和③轴上的 1/2 墙厚；

2——⑫轴和③轴上两侧墙体数量；

2.2——⑪轴与⑧轴之间的轴距；

0.1——⑪轴上的 1/2 墙厚。

共计：$20.24 \times 6 \mathrm{m}^2 = 121.44 \mathrm{m}^2$

【注释】　20.24——标准间 B 房间(不包括卫生间)的天棚抹灰面积；

6——二层标准间 B 房间的数量。

③配电室。

$$(3.9 - 0.2) \times (2.2 - 0.1)\text{m}^2 = 7.77\text{m}^2$$

【注释】 3.9——③轴与④轴之间的轴距；

0.2——④轴和③轴上的1/2墙厚；

2.2——②Ⓒ轴与Ⓓ轴之间的轴距；

0.1——②Ⓒ轴上的1/2墙厚。

④走廊。

$$23.4 \times (2.1 - 0.2 \times 2)\text{m}^2 = 39.78\text{m}^2$$

【注释】 23.4——①轴与⑦轴之间的轴距；

2.1——Ⓑ轴与Ⓒ轴之间的轴距；

0.2——Ⓑ轴和Ⓒ轴上的墙厚；

2——Ⓑ轴和Ⓒ轴上两侧墙体数量。

⑤洁具间。

$$3.9 \times 6.9\text{m}^2 = 26.91\text{m}^2$$

【注释】 3.9——④轴与⑤轴之间的轴距；

6.9——Ⓒ轴 - Ⓓ轴之间的轴距。

(3) 天棚吊顶工程量汇总。

天棚 U 型轻钢龙骨架(不上人),500×500 平面式吊顶。

天棚吊顶工程量总计 $= (83.72 + 101.2 + 7.77 + 25.53 + 39.78 + 26.91 + 83.72 + 121.44 +$

$$7.77 + 39.78 + 26.91)\text{m}^2$$

$$= 564.53\text{m}^2$$

【注释】 83.72——一层标准间 A(不包括卫生间)的天棚吊顶工程量；

101.2——一层标准间 B(不包括卫生间)的天棚吊顶工程量；

7.77——一层配电室的天棚吊顶工程量；

39.78——一层走廊的天棚吊顶工程量；

26.91——一层洁具间的天棚吊顶工程量；

83.72——二层标准间 A(不包括卫生间)的天棚吊顶工程量；

121.44——二层标准间 B(不包括卫生间)的天棚吊顶工程量；

7.77——二层配电室的天棚吊顶工程量；

39.78——二层走廊的天棚吊顶工程量；

26.91——二层洁具间的天棚吊顶工程量。

3) 卫生间木方格吊顶

(1) 一层。

①标准间 A 卫生间。

$$(2.2 - 0.1) \times (2.2 - 0.1)\text{m}^2 = 4.41\text{m}^2$$

【注释】 2.2——②Ⓐ轴与Ⓑ轴之间的轴距；

0.1——②Ⓐ轴上的1/2墙厚；

2.2——②Ⓘ轴与①轴之间的轴距；

0.1——②Ⓘ轴上的1/2墙厚。

②标准间 B 房间卫生间。

$$(2.3-0.1\times2)\times(2.2-0.1)\text{m}^2=4.41\text{m}^2$$

【注释】　2.3——⑫轴与②轴之间的轴距；

0.1——②轴和⑫轴上的1/2墙厚；

2.2——⑪A轴与B轴之间的轴距；

0.1——⑪A轴上的1/2墙厚。

(2)二层。

①标准间A卫生间。

$$(2.2-0.1)\times(2.2-0.1)\text{m}^2=4.41\text{m}^2$$

【注释】　2.2——⑪A轴与B轴之间的轴距；

0.1——⑪A轴上的1/2墙厚；

2.2——⑪轴与①轴之间的轴距；

0.1——⑪轴上的1/2墙厚。

②标准间B房间卫生间：$(2.3-0.1\times2)\times(2.2-0.1)\text{m}^2=4.41\text{m}^2$

【注释】　2.3——⑫轴与②轴之间的轴距；

0.1——②轴和⑫轴上的1/2墙厚；

2.2——⑪A轴与B轴之间的轴距；

0.1——⑪A轴上的1/2墙厚。

(3)总工程量。

总工程量 $=4.41\times(9+10)\text{m}^2=83.79\text{m}^2$

【注释】　4.41——卫生间吊顶工程量；

9——一层卫生间数量；

10——二层卫生间数量。

4)大厅T型铝合金龙骨上安装胶合板面

大厅：$(3.9-0.2)\times6.9\text{m}^2=25.53\text{m}^2$

【注释】　3.9——③轴与④轴之间的轴距；

0.2——④轴和③轴上的1/2墙厚；

6.9——A轴与B轴之间的轴距。

总工程量 $=25.53\text{m}^2$

4. 门窗工程(见图1-17、图1-18、图1-19、图1-20、图1-21)

图1-17　M0921 单扇镶板门　　　图1-18　M921 单扇木门　　　图1-19　M2721 旋转门

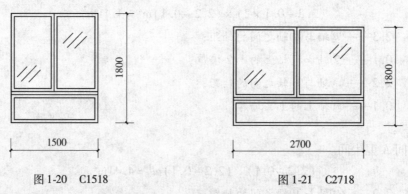

图 1-20　C1518　　　　　　　　　　图 1-21　C2718

门窗工程量 = 门窗洞口尺寸的面积

1)门工程量

(1)房间门 M0921 工程量 = $0.9 \times 2.1 m^2 = 1.89 m^2$

【注释】　0.9——门 M0921 的宽;

　　　　　2.1——门 M0921 的高。

门 M0921 一层共计 11 樘,二层共计 12 樘,共 23 樘。

共计:$1.89 \times 23 = 43.47 m^2$

(2)卫生间门 M921 工程量 = $0.9 \times 2.1 m^2 = 1.89 m^2$

【注释】　0.9——门 M921 的宽;

　　　　　2.1——门 M921 的高。

门 M921 一层共计 9 樘,二层 10 樘,共计 19 樘。

共计:$1.89 \times 19 = 35.91 m^2$

(3)旋转门 M2721 工程量 = $2.7 \times 2.1 m^2 = 5.67 m^2$。

【注释】　2.7——门 M2721 的宽;

　　　　　2.1——门 M2721 的高。

旋转门 M2721 共计 1 樘。

共计:$5.67 \times 1 m^2 = 5.67 m^2$

2)窗工程量

(1)窗 C1518 工程量 = $1.5 \times 1.8 m^2 = 2.7 m^2$。

【注释】　2.7——窗 C1518 的宽;

　　　　　1.8——窗 C1518 的高。

窗 C1518 共计 4 樘。

共计:$2.7 \times 4 = 10.8 m^2$

(2)窗 C2718 工程量 = $2.7 \times 1.8 m^2 = 4.86 m^2$。

【注释】　2.7——窗 C2718 的宽;

　　　　　1.8——窗 C2718 的高。

窗 C2718 一层 11 樘,二层 12 樘,共计 23 樘。

共计:$4.86 \times 23 = 111.78 m^2$

3)门窗总数量

铝合金门窗工程量 = $43.47 + 35.91 + 5.67 + 10.8 + 111.78 = 207.63 m^2$

【注释】　43.47——门 M0921 的工程量;

35.91——门 M921 的工程量；

5.67——门 M2721 的工程量；

10.8——窗 C1518 的工程量；

111.78——窗 C2718 的工程量。

定制玻璃门工程量 = 5.67m²

门窗洞口尺寸统计如表1-6所示。

表 1-6 门窗洞口尺寸统计表

门窗编号	洞口尺寸 /m	洞口面积 /m²	数　量	合计面积 /m²
M0921	0.9×2.1	1.89	23	43.47
M921	0.9×2.1	1.89	19	35.91
M2721	2.7×2.1	5.67	1	5.67
C1518	1.5×1.8	2.7	4	10.8
C2718	2.7×1.8	4.86	23	111.78

5. 油漆、涂料、裱糊工程

1）门油漆

M0921 工程量 = 0.9 × 2.1 × 23m² = 43.47m²

【注释】 门油漆工程量同门工程量。

M921 工程量 = 0.9 × 2.1 × 19m² = 35.91m²

【注释】 门油漆工程量同门工程量。

M2721 工程量 = 2.7 × 2.1 × 1m² = 5.67m²

【注释】 门油漆工程量同门工程量。

2）窗油漆

C1518 工程量 = 1.5 × 1.8 × 4m² = 10.8m²

【注释】 窗油漆工程量同窗工程量。

C2718 工程量 = 2.7 × 1.8 × 23m² = 111.78m²

【注释】 窗油漆工程量同窗工程量。

3）外墙面涂料工程

外墙面喷刷暗红色涂料工程量 = [(23.4 + 0.2 × 2) × (6.6 − 0.8) × 2 + (15.9 + 0.2 × 2) × (6.6 − 0.8) × 2 − 2.7 × (2.1 − 0.8) − 2.7 × 1.8 × (11 + 12) − 1.5 × 1.8 × 4]m²

= 339.07m²

【注释】 23.4——①轴与⑦轴之间的轴距；

0.2——①轴和⑦轴上的墙厚；

2——①轴和⑦轴上的墙数量；

6.6——楼层总高(包括女儿墙)；

0.8——墙裙高；

2——Ⓐ轴和Ⓓ轴上的两面墙；

15.9——Ⓐ轴与Ⓓ轴之间的轴距；

0.2——①轴和⑦轴上的墙厚；

2——①轴和⑦轴上两侧墙体数量；

2.7——门 M2721 的宽.

2.1——门 M2721 的高；

2.7——窗 C2718 的宽；

1.8——窗 C2718 的高；

11——一层窗 C2718 的数量；

12——二层窗 C2718 的数量；

1.5——窗 C1518 的宽；

1.8——窗 C1518 的高；

4——窗 C1518 的数量。

4）内墙面工程

内墙面混合砂浆抹面后喷仿瓷涂料,工程量计算如下：

$$
\begin{aligned}
内墙面混合砂浆抹面后喷仿瓷涂料总工程量 &= 室内墙面抹灰总工程量 - 该建筑室内墙裙\\
&\qquad 总工程量\\
&= (1\ 812.841 - 343.68)\text{m}^2\\
&= 1\ 469.16\text{m}^2
\end{aligned}
$$

5）天棚抹灰

天棚工程中混合砂浆抹面后喷仿瓷涂料工程量 = 天棚吊顶工程量 = 564.53m²

6）仿瓷涂料总工程量

喷仿瓷涂料总工程量 = (1 469.16 + 564.53)m² = 2 033.69m²

【注释】 1 469.16——内墙面混合砂浆抹面后喷仿瓷涂料总工程量；

564.53——天棚工程中混合砂浆抹面后喷仿瓷涂料总工程量。

清单工程量计算如表 1-7 所示。

表1-7 清单工程量计算表

序号	项目编码	项目名称	项目特征描述	计算单位	工程量
1	011102001001	石材楼地面	大厅、走廊、标准间内铺大理石面层	m²	563.66
2	011102003001	块料楼地面	卫生间内铺 300mm×300mm 防滑砖	m²	86.1
3	011104001001	地毯楼地面	橡胶绒地毯	m²	83.34
4	011106001001	石材楼梯面层	磨光花岗岩楼梯面,1:4 干硬性水泥砂浆黏贴	m²	14.17
5	011105002001	石材踢脚线	花岗岩踢脚线	m²	104.44
6	011107001001	石材台阶面	绿色花岗岩石台阶	m²	5.67
7	011201001001	墙面一般抹灰	浑水内墙,200mm 厚,1:2.5 水泥砂浆厚 15mm + 8mm	m²	1812.84
8	011201001002	墙面一般抹灰	外墙,1:2.5 水泥砂浆厚 15mm + 8mm	m²	229.07
9	011201002001	墙面装饰抹灰	内墙裙为饰面板,饰面板高 800mm	m²	343.68
10	011201002002	墙面装饰抹灰	外墙裙高 800mm 的水刷白石子	m²	62
11	011201002003	墙面装饰抹灰	混合砂浆抹面后喷仿瓷涂料	m²	1 469.16
12	011302001001	天棚吊顶	天棚 U 型轻钢龙骨架(不上人),500×500 平面式吊顶	m²	564.53

（续表）

序号	项目编码	项目名称	项目特征描述	计算单位	工程量
13	011302001002	天棚吊顶	天棚方木龙骨架,平面式	m²	83.79
14	011302001003	天棚吊顶	大厅 T 型铝合金龙骨上安装胶合板面	m²	25.53
15	010807001001	金属窗	平开窗,铝合金,C1518 框外围尺寸为 1 500mm × 1 800mm	樘	4
16	010807001002	金属窗	平开窗,铝合金,C2718 框外围尺寸为 2 700mm × 1 800mm	樘	23
17	010805002001	转门	铝合金质旋转门,M2721 框外围尺寸为 2 700mm × 2 100mm	樘	1
18	010802002001	彩板门	铝塑门,M0921 平开门外围尺寸为 900mm × 2 100mm	樘	23
19	010802002002	彩板门	铝塑门,M921 平开门外围尺寸为 900mm × 2 100mm`	樘	19
油漆工程					
20	011402001001	窗油漆	平开窗,铝合金,C1518 框外围尺寸为 1 500mm × 1 800mm	m²	10.8
21	011402001002	窗油漆	平开窗,铝合金,C2718 框外围尺寸为 2 700mm × 1 800mm	m²	111.78
22	011401001001	门油漆	铝塑门,M0921 平开门外围尺寸为 900mm × 2 100mm	m²	43.47
23	011401001002	门油漆	铝塑门,M921 平开门外围尺寸为 900mm × 2 100mm	m²	35.91
24	011407001001	墙面喷刷涂料	外墙面、天棚混合砂浆抹面后喷涂料	m²	339.07
25	011407001002	墙面喷刷涂料	内墙墙面混合砂浆抹面后喷仿瓷涂料	m²	1 469.16
26	011407002001	天棚喷刷涂料	天棚混合砂浆抹面后喷仿瓷涂料	m²	564.53

二、定额工程量（套用《河南省建设工程工程量清单综合单价（2008）B. 装饰装修工程》）

1. 楼地面工程（见图 1-1、图 1-2、图 1-3、图 1-4、图 1-5、图 1-6）

1）室内楼地面工程

①大理石楼地面工程量 = 563.66m²。

【注释】 定额工程量计算规则同清单工程量。

②卫生间 300 × 300 防滑砖工程量 = 86.1m²。

【注释】 定额工程量计算规则同清单工程量。

③橡胶绒地毯的工程量 = 83.34m²。

【注释】 定额工程量计算规则同清单工程量。

④抹灰工程量 = 648.83m²。

【注释】 定额工程量计算规则同清单工程量。

2）室外台阶

台阶绿色花岗岩石地面工程量 = $[(1.5 \times (3.9+0.3 \times 4) - (0.9-0.3) \times (3.9-0.3 \times 2)]$m²
$= 5.67$m²

【注释】 计算规则:台阶装饰按设计图示尺寸以台阶(包括上层踏步边沿加300mm)水平投影面积计算。

定额工程量计算规则同清单工程量。

3)踢脚线

花岗岩踢脚线的工程量 = 104.44m²

【注释】 定额工程量计算规则同清单工程量。

4)楼梯装饰

大理石面层工程量 = $(3.9 - 0.1 \times 2) \times 3.83m^2 = 14.17m^2$

【注释】 定额工程量计算规则同清单工程量。

5)散水工程量

工程量 = $[(23.4 + 0.2 \times 2 + 0.6 \times 2) \times 2 \times 0.6 + (15.9 + 0.2 \times 2) \times 2 \times 0.6 - 5.1 \times 0.6]m^2$
$= 46.5m^2$

【注释】 定额工程量计算规则同清单工程量。

2. 墙、柱面工程

1)室内墙面抹灰工程

室内墙面总的抹灰工程量 = 1 812.841m²

【注释】 定额工程量计算规则同清单工程量。

2)室内墙裙工程

室内墙裙总的工程量 = 343.68m²

【注释】 定额工程量计算规则同清单工程量。

3)室内装饰抹灰(墙裙以上部位)

工程量 = 室内墙面抹灰 - 室内墙裙 = $(1 812.841 - 343.68)m^2 = 1 469.16m^2$

4)外墙抹灰工程

(1)外墙面水泥砂浆工程量 = 229.07m²。

【注释】 定额工程量计算同清单工程量。

(2)外墙裙高800mm的水刷白石子,其工程量 = 62m²。

【注释】 定额工程量计算同清单工程量。

(3)外墙勒脚工程量 = 33.795m²。

【注释】 定额工程量计算同清单工程量。

3. 天棚工程

1)天棚抹灰

天棚抹灰总的工程量 = 337.59m²

【注释】 定额工程量计算同清单工程量。

2)天棚吊顶

天棚吊顶工程量 = 564.53m²

【注释】 定额工程量计算同清单工程量。

3)卫生间木方格吊顶

木方格吊顶工程量 = 83.79m²

【注释】 定额工程量计算同清单工程量。

4)大厅 T 型铝合金龙骨上安装胶合板面

胶合板面工程量 $=25.53\text{m}^2$

【注释】　定额工程量计算同清单工程量。

4.门窗工程

1)门工程量

①房间门 M0921 工程量。

$$0.9 \times 2.1 \times 23\text{m}^2 = 43.47\text{m}^2$$

【注释】　0.9——门 M0921 的宽；

　　　　　2.1——门 M0921 的高；

　　　　　23——门 M0921 一层共计 11 樘,二层共计 12 樘,共 23 樘。

②卫生间门 M921 工程量。

$$0.9 \times 2.1 \times 19\text{m}^2 = 35.91\text{m}^2$$

【注释】　0.9——门 M921 的宽；

　　　　　2.1——门 M921 的高；

　　　　　19——门 M921 一层共计 9 樘,二层 10 樘,共计 19 樘。

③旋转门 M2721 工程量。

$$2.7 \times 2.1 \times 1\text{m}^2 = 5.67\text{m}^2$$

【注释】　2.7——门 M2721 的宽；

　　　　　2.1——门 M2721 的高；

　　　　　1——旋转门 M2721 共计 1 樘。

2)窗工程量

(1)窗 C1518 工程量。

$$1.5 \times 1.8 \times 4\text{m}^2 = 10.8\text{m}^2$$

【注释】　1.5——窗 C1518 的宽；

　　　　　1.8——窗 C1518 的高；

　　　　　4——窗 C1518 共计 4 樘。

(2)窗 C2718 工程量。

$$2.7 \times 1.8 \times 23\text{m}^2 = 111.78\text{m}^2$$

【注释】　2.7——窗 C2718 的宽；

　　　　　1.8——窗 C2718 的高；

　　　　　23——窗 C2718 一层 11 樘,二层 12 樘,共计 23 樘。

5.油漆、涂料、裱糊工程

1)门油漆

M0921 工程量 $=0.9 \times 2.1 \times 23\text{m}^2 = 43.47\text{m}^2$

【注释】　门油漆工程量同门工程量。

M921 工程量 $=0.9 \times 2.1 \times 19\text{m}^2 = 35.91\text{m}^2$

【注释】　门油漆工程量同门工程量。

M2721 工程量 $=2.7 \times 2.1 \times 1\text{m}^2 = 5.67\text{m}^2$

【注释】 门油漆工程量同门工程量。

2）窗油漆

C1518 工程量 = $1.5 \times 1.8 \times 4m^2 = 10.8m^2$

【注释】 窗油漆工程量同窗工程量。

C2718 工程量 = $2.7 \times 1.8 \times 23m^2 = 111.78m^2$

【注释】 窗油漆工程量同窗工程量。

3）外墙面暗红色涂料工程

外墙涂料工程量 = $339.07m^2$

【注释】 定额工程量计算同清单工程量。

4）内墙面工程

内墙工程量 = $1 469.16m^2$

【注释】 定额工程量计算同清单工程量。

5）天棚抹灰工程

天棚抹灰工程量 = $564.53m^2$

【注释】 定额工程量计算同清单工程量。

6）仿瓷涂料工程

仿瓷涂料工程量 = $2 033.69m^2$

【注释】 定额工程量计算同清单工程量。

6. 预算与计价

施工图预算如表 1-8 所示。

表 1-8　某宾馆装饰装修工程施工图预算表

序号	定额编号	分项工程名称	计量单位	工程量	基价/元	其中			合计/元
						人工费/元	材料费/元	机械费/元	
1	1-24	大厅、走廊、标准间内铺大理石面层	100m²	5.64	15 316.92	13 61.38	13 895.19	60.35	86 387.43
2	1-36	卫生间内铺 300mm × 300mm 防滑砖	100m²	0.86	4 830.91	1 458.13	3 323.96	48.82	4 154.58
3	1-50	橡胶绒地毯楼地面，固定，单层	100m²	0.83	5 556.74	1 612.5	3 944.24	—	4 612.09
4	1-25	磨光花岗岩楼梯面，1:4 干硬性水泥砂浆黏贴	100m²	0.14	17 365.21	1 374.71	15 926.03	64.47	2 431.13
5	1-73	花岗岩踢脚线	100m²	1.04	14 701.82	1 818.9	12 823.19	59.73	15 289.89
6	1-120	绿色花岗岩石台阶	100m²	0.06	22 263.19	2 375.32	19 711.79	176.08	1 335.79
7	2-19	浑水内墙，200mm 厚，1:2.5 水泥砂浆厚 15mm + 8mm	100m²	18.12	1 253.79	712.5	521.69	19.6	22 718.67
8	2-19	外墙，1:2.5 水泥砂浆厚 15mm + 8mm	100m²	2.29	1 253.79	712.5	521.69	19.6	2 871.18
9	2-42	内墙裙——高 800mm 水刷豆石	100m²	3.44	2 948.94	2 085.07	849.59	14.28	10 144.35

（续表）

序号	定额编号	分项工程名称	计量单位	工程量	基价/元	其中			合计/元
						人工费/元	材料费/元	机械费/元	
10	2-42	外墙裙——高800mm 水刷白石子	100m²	0.62	2 948.94	2 085.07	849.59	14.28	1 828.34
11	2-42	天棚抹混合砂浆 1:1:4,混凝土面	100m²	3.38	2 948.94	2 085.07	849.59	14.28	9 967.42
12	3-20	天棚U型轻钢龙骨架(不上人),500×500平面式吊顶	100m²	5.65	2 882.76	804.96	2 077.8	0	16 287.59
13	3-18	天棚方木龙骨架,平面式	100m²	0.84	3 134.46	596.41	2 528.78	9.27	2 632.95
14	3-28	大厅T型铝合金龙骨上安装胶合板面	100m²	0.26	3 236.63	834.2	2 387.43	15	841.52
15	4-43	平开窗,铝合金,C1518框外围尺寸为1 500mm×1 800mm	100m²	0.11	12 041.93	3 049.56	8 678.03	314.34	1 324.61
16	4-43	平开窗,铝合金,C2718框外围尺寸为2 700mm×1 800mm	100m²	1.12	12 041.93	3 049.56	8 678.03	314.34	13 486.96
17	4-33	铝合金质旋转门,M2721框外围尺寸为2 700mm×2 100mm	樘	1	4 688.45	362.49	4 295.96	30	4 688.45
18	4-1	铝塑门,M0921平开门外围尺寸为900mm×2 100mm	100m²	0.43	16 678.5	1 409.97	15 171.76	96.77	7 171.76
19	4-1	铝塑门,M921,平开门外围尺寸为900mm×2 100mm	100m²	0.36	16 678.5	1 409.97	15 171.76	96.77	6 004.26
油漆工程									
20	5-24	平开窗,铝合金,C1518框外围尺寸为1 500mm×1 800mm,一油粉三调和漆	100m²	0.11	1 558.39	875.05	683.34	—	171.42
21	5-24	平开窗,铝合金,C2718框外围尺寸为2 700mm×1 800mm,一油粉三调和漆	100m²	1.12	1 558.39	875.05	683.34	—	1 745.40
22	5-2	铝塑门,M0921平开门外围尺寸为900mm×2 100mm,一油粉三调和漆	100m²	0.43	2 884.04	1 556.17	1 327.87	—	1 240.14
23	5-2	铝塑门,M921,平开门外围尺寸为900mm×2 100mm	100m²	0.36	2 884.04	1 556.17	1 327.87	—	1 038.25

（续表）

序号	定额编号	分项工程名称	计量单位	工程量	基价/元	人工费/元	材料费/元	机械费/元	合计/元
						其中			
24	5-179	外墙面、天棚混合砂浆抹面后喷涂料	100m²	3.39	9 622.35	494.5	8 961.13	166.72	32 619.77
25	5-183	内墙墙面混合砂浆抹面后喷仿瓷涂料	100m²	14.69	291.91	165.55	126.36	–	4 288.16
26	5-184	天棚混合砂浆抹面后喷仿瓷涂料	100m²	5.65	304.78	176.3	128.48	–	1 722.01
合　计									257 004.12

三、将定额计价转换为清单计价形式

分部分项工程和单价措施项目清单与计价如表1-9所示。工程量综合单价分析如表1-10～表1-35所示。

表1-9　分部分项工程和单价措施项目清单与计价表

工程名称：某宾馆装饰装修工程　　　　　　　　　标段：　　　　　　　　　第　页　共　页

序号	项目编码	项目名称	项目特征描述	计量单位	工程量	综合单价	合价	其中：暂估价
						金额/元		
1	011102001001	石材楼地面	大厅、走廊、标准间内铺大理石面层	m²	563.66	161.98	91 301.65	
2	011102003001	块料楼地面	卫生间内铺300mm×300mm防滑砖	m²	86.1	57.36	4 938.696	
3	011104001001	地毯楼地面	橡胶绒地毯	m²	83.34	65.84	5 487.11	
4	011106001001	石材楼梯面层	磨光花岗岩楼梯面，1:4干硬性水泥砂浆粘贴	m²	14.17	183.85	2 605.15	
5	011105002001	石材踢脚线	花岗岩踢脚线	m²	104.44	159.66	16 674.89	
6	011107001001	石材台阶面	绿色花岗岩石台阶	m²	5.67	240.17	1 361.76	
7	011201001001	墙面一般抹灰	混水内墙，200mm厚，1:2.5水泥砂浆厚15mm+8mm	m²	1 812.841	16.09	29 168.612	
8	011201001002	墙面一般抹灰	外墙，1:2.5水泥砂浆厚15mm+8mm	m²	229.07	16.09	3 685.736	
9	011201002001	墙面装饰抹灰	内墙裙—饰面板，饰面板800mm高	m²	343.68	42.84	14 723.251	
10	011201002002	墙面装饰抹灰	外墙裙—高800mm的水刷白石子	m²	62	42.84	2 656.08	
11	011201002003	墙面装饰抹灰	混合砂浆抹面后喷仿瓷涂料	m²	1 469.16	42.84	62 938.814	
12	011302001001	天棚吊顶	天棚U型轻钢龙骨架（不上人），500×500平面式吊顶	m²	564.53	36.28	20 481.15	

（续表）

序号	项目编码	项目名称	项目特征描述	计量单位	工程量	金额/元		其中：暂估价
						综合单价	合价	
13	011302001002	天棚吊顶	天棚方木龙骨架，平面式	m²	83.79	36.79	3 082.634	
14	011302001003	天棚吊顶	大厅 T 型铝合金龙骨上安装胶合板面	m²	25.53	40.09	1 023.498	
15	010807001001	金属窗	平开窗，铝合金，C1518框外围尺寸为 1500mm × 1800mm	樘	4	138.30	553.2	
16	010807001002	金属窗	平开窗，铝合金，C2718框外围尺寸为 2700mm × 1800mm	樘	23	138.30	3 180.9	
17	010805002001	转门	铝合金质旋转门，M2721 框外围尺寸为 2 700mm × 2 100mm	樘	1	49.00	49	
18	010802002001	彩板门	铝塑门，M0921 平开门外围尺寸为 900mm × 2 100mm	樘	23	175.05	4 026.15	
19	010802002002	彩板门	铝塑门，M921，平开门外围尺寸为 900mm × 2 100mm	樘	19	175.05	3 325.95	
油漆工程								
20	011402001001	窗油漆	平开窗，铝合金，C1518框外围尺寸为 1 500mm × 1 800mm	m²	10.8	38.21	412.668	
21	011402001002	窗油漆	平开窗，木质 C2718 框外围尺寸为 2 700mm × 1 800mm	m²	111.78	38.21	4 271.114	
22	011401001001	门油漆	铝塑门，M0921 平开门外围尺寸为 900mm × 2 100mm	m²	43.47	40.42	1 757.057	
23	011401001002	门油漆	铝塑门，M921，平开门外围尺寸为 900mm × 2 100mm	m²	35.91	40.42	1 451.482	
24	011407001001	墙面喷刷涂料	外墙面、天棚混合砂浆抹面后喷涂料	m²	339.07	100.14	33 954.45	
25	011407001002	墙面喷刷涂料	内墙墙面混合砂浆抹面后喷仿瓷涂料	m²	1 469.16	3.98	5 847.257	
26	011407002001	天棚喷刷涂料	天棚混合砂浆抹面后喷仿瓷涂料	m²	564.53	4.17	2 354.090	
合　　计							321 312.35	

表1-10 工程量清单综合单价分析表1

工程名称:某宾馆装饰装修工程 　　　　　标段: 　　　　　第1页　共26页

项目编码	011102001001	项目名称		石材楼地面	计量单位		m^2	工程量	563.66

清单综合单价组成明细

定额编号	定额名称	定额单位	数量	单价				合价			
				人工费	材料费	机械费	管理费和利润	人工费	材料费	机械费	管理费和利润
1-24	大理石楼地面	$100m^2$	0.01	1 361.38	13 895.19	60.35	881.46	13.61	138.951 9	0.603 5	8.814 6
人工单价				小　计				13.61	138.951 9	0.603 5	8.814 6
43 元/工日				未计价材料				—			
清单项目综合单价							161.98				

	主要材料名称、规格、型号		单位	数量	单价/元	合价/元	暂估单价/元	暂估合价/元
材料费明细	大理石板 500×500		m^2	1.015 0	130.00	131.95		
	水泥砂浆 1:4		m^3	0.030 5	194.06	5.92		
	素水泥浆		m^3	0.001 0	421.78	0.42		
	白水泥		kg	0.100 0	0.42	0.04		
	石料切割锯片		片	0.003 5	12.00	0.04		
	水		m^3	0.030 0	4.05	0.12		
	其他材料费				—	0.46		
	材料费小计				—	138.95	—	

表1-11 工程量清单综合单价分析表2

工程名称:某宾馆装饰装修工程 　　　　　标段: 　　　　　第2页　共26页

项目编码	011102003001	项目名称		块料楼地面	计量单位		m^2	工程量	86.1

清单综合单价组成明细

定额编号	定额名称	定额单位	数量	单价				合价			
				人工费	材料费	机械费	管理费和利润	人工费	材料费	机械费	管理费和利润
1-36	地板砖楼地面	$100m^2$	0.01	1 458.13	3 323.96	48.82	904.99	14.58	33.239 6	0.488 2	9.05
人工单价				小　计				14.58	33.239 6	0.488 2	9.05
43 元/工日				未计价材料				—			
清单项目综合单价							57.36				

	主要材料名称、规格、型号		单位	数量	单价/元	合价/元	暂估单价/元	暂估合价/元
材料费明细	地板砖 300×300		千块	0.113 4	2 500	28.35		
	水泥砂浆 1:4		m^3	0.021 6	194.06	4.19		
	素水泥浆		m^3	0.001 0	421.78	0.42		
	白水泥		kg	0.100 0	0.42	0.04		
	石料切割锯片		片	0.003 2	12	0.04		
	水		m^3	0.030 0	4.05	0.12		
	其他材料费				—	7.42	—	
	材料费小计				—	33.24	—	

表 1-12 工程量清单综合单价分析表 3

工程名称:某宾馆装饰装修工程　　　　标段:　　　　　　　第 3 页 共 26 页

项目编码	011104001001	项目名称		地毯楼地面		计量单位	m²	工程量	83.34

清单综合单价组成明细

定额编号	定额名称	定额单位	数量	单 价				合 价			
				人工费	材料费	机械费	管理费和利润	人工费	材料费	机械费	管理费和利润
1-50	楼地面铺地毯	100m²	0.01	1 612.5	3 944.24	0	1 027.5	16.13	39.442 4	–	10.275
人工单价			小　计					16.13	39.442 4	–	10.275
43 元/工日			未计价材料					—			
清单项目综合单价								65.84			

	主要材料名称、规格、型号	单位	数量	单价/元	合价/元	暂估单价/元	暂估合价/元
材料费明细	化纤地毯	m²	1.030 0	33.54	34.55		
	铝收口条	m	0.097 7	4.49	0.44		
	地毯烫带	m	0.656 2	3.1	2.03		
	钢钉(水泥钉)	kg	0.010 6	8	0.08		
	木螺丝钉 35mm	千个	0.000 2	21	0.00		
	木卡条 24×6	m	1.093 7	1.2	1.31		
	黏结剂	kg	0.072 9	13	0.95		
	其他材料费			—	0.07	—	
	材料费小计			—	39.44		

表 1-13 工程量清单综合单价分析表 4

工程名称:某宾馆装饰装修工程　　　　标段:　　　　　　　第 4 页 共 26 页

项目编码	011106001001	项目名称		石材楼梯面		计量单位	m²	工程量	14.17

清单综合单价组成明细

定额编号	定额名称	定额单位	数量	单 价				合 价			
				人工费	材料费	机械费	管理费和利润	人工费	材料费	机械费	管理费和利润
1-25	楼地面铺地毯	100m²	0.01	1 374.71	15 926.03	64.47	1 019.87	13.75	159.260 3	0.644 7	10.198 7
人工单价			小　计					13.75	159.260 3	0.644 7	10.198 7
43 元/工日			未计价材料					—			
清单项目综合单价								183.85			

	主要材料名称、规格、型号	单位	数量	单价/元	合价/元	暂估单价/元	暂估合价/元
材料费明细	大理石板 500×500×30	m²	1.015 0	150	152.25		
	水泥砂浆 1:4	m³	0.030 5	194.06	5.92		
	素水泥浆	m³	0.001 0	421.78	0.42		
	白水泥	kg	0.100 0	0.42	0.04		
	石料切割锯片	片	0.004 2	12	0.05		
	水	m³	0.030 0	4.05	0.12		
	其他材料费			—	0.46	—	
	材料费小计			—	159.26		

表1-14 工程量清单综合单价分析表5

工程名称:某宾馆装饰装修工程 　　　　　　标段: 　　　　　　第5页 共26页

项目编码	011105002001	项目名称		石材踢脚线		计量单位	m²	工程量	104.44

清单综合单价组成明细

定额编号	定额名称	定额单位	数量	单价				合价			
				人工费	材料费	机械费	管理费和利润	人工费	材料费	机械费	管理费和利润
1-73	花岗岩踢脚线	100m²	0.01	1 818.9	12 823.19	59.73	1 263.92	18.19	128.231 9	0.597 3	12.639 2
人工单价			小　计					18.19	128.231 9	0.597 3	12.639 2
43元/工日			未计价材料					—			
清单项目综合单价								159.66			

	主要材料名称、规格、型号	单位	数量	单价/元	合价/元	暂估单价/元	暂估合价/元
材料费明细	大理石板 300×300×30	m²	1.020 0	120	122.40		
	水泥砂浆 1:1	m³	0.006 0	264.66	1.59		
	水泥砂浆 1:3	m³	0.016 0	195.94	3.14		
	白水泥	kg	0.270 0	0.42	0.11		
	石料切割锯片	片	0.004 0	12	0.05		
	建筑胶	kg	0.360 0	2	0.72		
	水	m³	0.030 0	4.05	0.12		
	其他材料费			1	1.06	—	
	材料费小计			—	128.23		

表1-15 工程量清单综合单价分析表6

工程名称:某宾馆装饰装修工程 　　　　　　标段: 　　　　　　第6页 共26页

项目编码	011107001001	项目名称		石材台阶面		计量单位	m²	工程量	5.67

清单综合单价组成明细

定额编号	定额名称	定额单位	数量	单价				合价			
				人工费	材料费	机械费	管理费和利润	人工费	材料费	机械费	管理费和利润
1-120	台阶面层	100m²	0.01	2 375.32	19 711.79	176.08	1 753.69	23.75	197.117 9	1.760 8	17.536 9
人工单价			小　计					23.75	197.117 9	1.760 8	17.536 9
43元/工日			未计价材料					—			
清单项目综合单价								240.17			

	主要材料名称、规格、型号	单位	数量	单价/元	合价/元	暂估单价/元	暂估合价/元
材料费明细	花岗岩台阶板	m²	1.568 8	120	188.26		
	水泥砂浆 1:4	m³	0.036 5	194.06	7.08		
	素水泥浆	m³	0.001 6	421.78	0.67		
	白水泥	kg	0.150 0	0.42	0.06		
	石料切割锯片	片	0.016 1	12	0.19		
	水	m³	0.044 4	4.05	0.18		
	其他材料费			1	0.67	—	
	材料费小计			—	197.12		

表1-16　工程量清单综合单价分析表7

工程名称:某宾馆装饰装修工程　　　　　　标段:　　　　　　第7页　共26页

项目编码	011201001001	项目名称	墙面一般抹灰	计量单位	m²	工程量	1 812.841

清单综合单价组成明细

定额编号	定额名称	定额单位	数量	单价				合价			
				人工费	材料费	机械费	管理费和利润	人工费	材料费	机械费	管理费和利润
2-19	水泥砂浆	100m²	0.01	712.5	521.69	19.6	354.63	7.13	5.216 9	0.196	3.546 3
人工单价		小　计						7.13	5.216 9	0.196	3.546 3
43 元/工日		未计价材料						—			
清单项目综合单价								16.09			

材料费明细	主要材料名称、规格、型号	单位	数量	单价/元	合价/元	暂估单价/元	暂估合价/元
	水泥砂浆 1:2.5	m³	0.008 4	218.62	1.83		
	水泥砂浆 1:3	m³	0.017 0	195.94	3.33		
	水	m³	0.002 3	4.05	0.01		
	其他材料费			1	0.04	—	
	材料费小计			—	5.22	—	

表1-17　工程量清单综合单价分析表8

工程名称:某宾馆装饰装修工程　　　　　　标段:　　　　　　第8页　共26页

项目编码	011201001002	项目名称	墙面一般抹灰	计量单位	m²	工程量	229.07

清单综合单价组成明细

定额编号	定额名称	定额单位	数量	单价				合价			
				人工费	材料费	机械费	管理费和利润	人工费	材料费	机械费	管理费和利润
2-19	水泥砂浆	100m²	0.01	712.5	521.69	19.6	354.63	7.13	5.216 9	0.196	3.546 3
人工单价		小　计						7.13	5.216 9	0.196	3.546 3
43 元/工日		未计价材料						—			
清单项目综合单价								16.09			

材料费明细	主要材料名称、规格、型号	单位	数量	单价/元	合价/元	暂估单价/元	暂估合价/元
	水泥砂浆 1:2.5	m³	0.008 4	218.62	1.83		
	水泥砂浆 1:3	m³	0.017 0	195.94	3.33		
	水	m³	0.002 3	4.05	0.01		
	其他材料费			1	0.04	—	
	材料费小计			—	5.22	—	

表 1-18　工程量清单综合单价分析表 9

工程名称:某宾馆装饰装修工程　　　　　　标段:　　　　　　　　第 9 页　共 26 页

项目编码	011201002001	项目名称		墙面装饰抹灰	计量单位		m²	工程量		343.68

清单综合单价组成明细

定额编号	定额名称	定额单位	数量	单价				合价			
				人工费	材料费	机械费	管理费和利润	人工费	材料费	机械费	管理费和利润
2-42	水刷豆石墙裙	100m²	0.01	2 085.07	849.59	14.28	1 334.95	20.85	8.495 9	0.142 8	13.349 5
人工单价			小　计					20.85	8.495 9	0.142 8	13.349 5
43 元/工日			未计价材料					—			
清单项目综合单价								42.84			

材料费明细	主要材料名称、规格、型号	单位	数量	单价/元	合价/元	暂估单价/元	暂估合价/元
	水泥砂浆 1:3	m³	0.017 4	195.94	3.40		
	水泥砂浆 1:1.25	m³	0.011 5	338.14	3.89		
	素水泥浆	m³	0.001 1	421.78	0.45		
	水泥 32.5	t	0.001 2	280	0.34		
	板方木材 综合规格	m³	0.000 2	1 550	0.36		
	水	m³	0.008 0	4.05	0.03		
	其他材料费			1	0.03	—	
	材料费小计			—	8.50	—	

表 1-19　工程量清单综合单价分析表 10

工程名称:某宾馆装饰装修工程　　　　　　标段:　　　　　　　　第 10 页　共 26 页

项目编码	011201002002	项目名称		墙面装饰抹灰	计量单位		m²	工程量		62

清单综合单价组成明细

定额编号	定额名称	定额单位	数量	单价				合价			
				人工费	材料费	机械费	管理费和利润	人工费	材料费	机械费	管理费和利润
2-42	水刷豆石墙裙	100m²	0.01	2 085.07	849.59	14.28	1 334.95	20.85	8.495 9	0.142 8	13.349 5
人工单价			小　计					20.85	8.495 9	0.142 8	13.349 5
43 元/工日			未计价材料					—			
清单项目综合单价								42.84			

材料费明细	主要材料名称、规格、型号	单位	数量	单价/元	合价/元	暂估单价/元	暂估合价/元
	水泥砂浆 1:3	m³	0.017 4	195.94	3.40		
	水泥砂浆 1:1.25	m³	0.011 5	338.14	3.89		
	素水泥浆	m³	0.001 1	421.78	0.45		
	水泥 32.5	t	0.001 2	280	0.34		
	板方木材 综合规格	m³	0.000 2	1 550	0.36		
	水	m³	0.008 0	4.05	0.03		
	其他材料费			1	0.03	—	
	材料费小计			—	8.50	—	

表1-20　工程量清单综合单价分析表11

工程名称:某宾馆装饰装修工程　　　　　　　标段:　　　　　　　第11页　共26页

项目编码	011201002003	项目名称	墙面装饰抹灰	计量单位	m²	工程量	1 469.16

清单综合单价组成明细

定额编号	定额名称	定额单位	数量	单价				合价			
				人工费	材料费	机械费	管理费和利润	人工费	材料费	机械费	管理费和利润
2-42	水刷豆石墙裙	100m²	0.01	2 085.07	849.59	14.28	1 334.95	20.85	8.495 9	0.142 8	13.349 5
人工单价		小　计						20.85	8.495 9	0.142 8	13.349 5
43元/工日		未计价材料						—			
清单项目综合单价								42.84			

	主要材料名称、规格、型号	单位	数量	单价/元	合价/元	暂估单价/元	暂估合价/元
材料费明细	水泥砂浆 1:3	m³	0.017 4	195.94	3.40		
	水泥砂浆 1:1.25	m³	0.011 5	338.14	3.89		
	素水泥浆	m³	0.001 1	421.78	0.45		
	水泥 32.5	t	0.001 2	280	0.34		
	板方木材 综合规格	m³	0.000 2	1 550	0.36		
	水	m³	0.008 0	4.05	0.03		
	其他材料费			1	0.03		
	材料费小计			—	8.50	—	

表1-21　工程量清单综合单价分析表12

工程名称:某宾馆装饰装修工程　　　　　　　标段:　　　　　　　第12页　共26页

项目编码	011302001001	项目名称	天棚吊顶	计量单位	m²	工程量	564.53

清单综合单价组成明细

定额编号	定额名称	定额单位	数量	单价				合价			
				人工费	材料费	机械费	管理费和利润	人工费	材料费	机械费	管理费和利润
3-20	天棚 U 型轻钢龙骨架(不上人)	100m²	0.01	804.96	2077.8	—	745.06	8.05	20.778	—	7.45
人工单价		小　计						8.05	20.778	—	7.45
43元/工日		未计价材料						—			
清单项目综合单价								36.28			

	主要材料名称、规格、型号	单位	数量	单价/元	合价/元	暂估单价/元	暂估合价/元
材料费明细	U 型天棚轻钢大龙骨 h38	m³	1.333 3	1.85	2.47		
	U 型天棚轻钢中龙骨 h19	m	1.979 9	2.7	5.35		
	天棚轻钢中龙骨横撑 h19	m	2.000 0	2.7	5.40		
	U 型天棚轻钢龙骨主接件 h38	个	0.660 0	0.21	0.14		
	U 型轻钢龙骨次接件	个	1.160 0	0.8	0.93		
	U 型轻钢大龙骨垂直吊挂件 h38	个	1.450 0	0.21	0.30		
	U 型轻钢龙骨垂直挂件	个	2.350 0	0.5	1.18		

（续表）

	主要材料名称、规格、型号	单位	数量	单价/元	合价/元	暂估单价/元	暂估合价/元
材料费明细	U 型轻钢中龙骨平面连接件	个	3.520 0	0.25	0.88		
	钢拉杆	kg	0.342 4	3	1.03		
	铁件	kg	0.400 0	5.2	2.08		
	机螺丝	kg	0.012 2	8.5	0.10		
	螺母	百个	0.035 2	15.6	0.55		
	垫圈	百个	0.017 6	5.05	0.09		
	射钉	个	1.530 0	0.19	0.29		
	其他材料费			—		—	
	材料费小计			—	20.79	—	

表 1-22　工程量清单综合单价分析表 13

工程名称:某宾馆装饰装修工程　　　　　　标段:　　　　　　　第 13 页　共 26 页

项目编码	011302001002	项目名称	天棚吊顶	计量单位	m²	工程量	83.79

清单综合单价组成明细

定额编号	定额名称	定额单位	数量	单价				合价			
				人工费	材料费	机械费	管理费和利润	人工费	材料费	机械费	管理费和利润
3-18	天棚方木龙骨架	100m²	0.01	596.41	2 528.78	9.27	554.41	5.96	25.287 8	—	5.544 1
人工单价			小　计					5.96	25.287 8	—	5.544 1
43 元/工日			未计价材料						—		
清单项目综合单价								36.79			

	主要材料名称、规格、型号	单位	数量	单价/元	合价/元	暂估单价/元	暂估合价/元
材料费明细	板方木材 综合规格	m³	0.011 1	1 550	17.21		
	铁件	kg	1.281 6	5.2	6.66		
	电焊条(综合)	kg	0.009 1	4	0.04		
	镀锌铁丝 12#	kg	0.053 1	4.6	0.24		
	圆钉 70mm	kg	0.088 9	5.3	0.47		
	防腐油	kg	0.005 8	1.3	0.01		
	木材干燥费	m³	0.011 1	59.38	0.66		
	其他材料费			—		—	
	材料费小计			—	25.29	—	

表1-23　工程量清单综合单价分析表14

工程名称:某宾馆装饰装修工程　　　　　　　标段:　　　　　　　第14页　共26页

项目编码	011302001003	项目名称		天棚吊顶		计量单位		m²	工程量	25.53

清单综合单价组成明细

定额编号	定额名称	定额单位	数量	单价				合价			
				人工费	材料费	机械费	管理费和利润	人工费	材料费	机械费	管理费和利润
3-28	天棚T型铝合金龙骨架(不上人)	100m²	0.01	834.2	2 387.43	15	772.12	8.34	23.874 3	0.15	7.721 2
人工单价			小　计					8.34	23.874 3	0.15	7.721 2
43元/工日			未计价材料					—			
清单项目综合单价								40.09			

主要材料名称、规格、型号	单位	数量	单价/元	合价/元	暂估单价/元	暂估合价/元
T型天棚龙骨 h38	m	1.257 9	1.2	1.51		
T型铝合金中龙骨、条板龙骨h35	m	1.980 0	4.1	8.12		
T型铝合金天棚小龙骨h22	m	1.820 1	2.95	5.37		
T型铝合金天棚边龙骨h35　h30	m	0.266 4	3.3	0.88		
铝合金天棚龙骨主接件h50以上	个	0.580 0	1.3	0.75		
铝合金天棚主龙骨次接件、边接件	个	0.160 0	0.75	0.12		
铝合金大龙骨垂直吊挂件　h50以内	个	1.450 0	1	1.45		
铝合金中龙骨垂直吊挂件　h50以内　大龙骨	个	2.350 0	0.25	0.59		
钢拉杆	kg	0.342 4	3	1.03		
铁件	kg	0.400 0	5.2	2.08		
金属胀锚螺栓	套	1.300 0	1	1.30		
机螺丝	kg	0.014 0	8.5	0.12		
螺母	百个	0.015 0	15.6	0.23		
垫圈	百个	0.007 5	5.05	0.04		
射钉	个	1.520 0	0.19	0.29		
其他材料费			—		—	
材料费小计			—	23.88	—	

（材料费明细）

表1-24　工程量清单综合单价分析表15

工程名称:某宾馆装饰装修工程　　　　　　　标段:　　　　　　　第15页　共26页

项目编码	010807001001	项目名称		金属窗		计量单位		樘	工程量	4

清单综合单价组成明细

定额编号	定额名称	定额单位	数量	单价				合价			
				人工费	材料费	机械费	管理费和利润	人工费	材料费	机械费	管理费和利润
4-43	铝合金窗	100m²	0.01	3 049.56	8 678.03	314.34	1 787.19	30.50	86.780 3	3.143 4	17.871 9
人工单价			小　计					30.50	86.780 3	3.143 4	17.871 9
43元/工日			未计价材料					—			
清单项目综合单价								138.30			

（续表）

	主要材料名称、规格、型号	单位	数量	单价/元	合价/元	暂估单价/元	暂估合价/元
材料费明细	板方木材 综合规格	m³	0.022 0	1 550	34.10		
	木材干燥费	m³	0.022 0	59.38	1.31		
	板方木材 综合规格	m³	0.014 6	1 550	22.68		
	木材干燥费	m³	0.014 6	59.38	0.87		
	麻刀石浆	m³	0.002 1	119.42	0.25		
	平板玻璃 5mm	m²	0.705 7	21	14.82		
	板方木材 综合规格	m³	0.003 1	1 550	4.74		
	小五金费	元	4.441 1	1	4.44		
	其他材料费			1	3.57	—	
	材料费小计			—	86.78	—	

表 1-25　工程量清单综合单价分析表 16

工程名称：某宾馆装饰装修工程　　　　　　　标段：　　　　　　　第 16 页　共 26 页

项目编码	010807001002	项目名称		金属窗	计量单位		樘	工程量		23

清单综合单价组成明细

定额编号	定额名称	定额单位	数量	单价				合价			
				人工费	材料费	机械费	管理费和利润	人工费	材料费	机械费	管理费和利润
4-43	铝合金窗	100m²	0.01	3 049.56	8 678.03	314.34	1 787.19	30.50	86.780 3	3.143 4	17.871 9
人工单价			小　计					30.50	86.780 3	3.143 4	17.871 9
43 元/工日			未计价材料					—			
清单项目综合单价								138.30			

	主要材料名称、规格、型号	单位	数量	单价/元	合价/元	暂估单价/元	暂估合价/元
材料费明细	板方木材 综合规格	m³	0.022 0	1 550	34.10		
	木材干燥费	m³	0.022 0	59.38	1.31		
	板方木材　综合规格	m³	0.014 6	1 550	22.68		
	木材干燥费	m³	0.014 6	59.38	0.87		
	麻刀石浆	m³	0.002 1	119.42	0.25		
	平板玻璃 5mm	m²	0.705 7	21	14.82		
	板方木材 综合规格	m³	0.003 1	1 550	4.74		
	小五金费	元	4.441 1	1	4.44		
	其他材料费			1	3.57	—	
	材料费小计			—	86.78	—	

表1-26 工程量清单综合单价分析表17

工程名称:某宾馆装饰装修工程 　　　　　标段:　　　　　　　　第17页 共26页

项目编码	010805002001	项目名称	转门	计量单位	樘	工程量	1

清单综合单价组成明细

定额编号	定额名称	定额单位	数量	单价				合价			
				人工费	材料费	机械费	管理费和利润	人工费	材料费	机械费	管理费和利润
4-33	成品手动旋转门安装	樘	0.01	362.49	4 295.96	30	212.43	3.62	42.959 6	0.3	2.124 3
人工单价			小　计					3.62	42.959 6	0.3	2.124 3
43元/工日			未计价材料					—			
清单项目综合单价								49.00			

材料费明细	主要材料名称、规格、型号		单位	数量	单价/元	合价/元	暂估单价/元	暂估合价/元
	转门全套		套	0.010 1	4096	41.37		
	其他材料费				1	1.59	—	
	材料费小计				—	42.96	—	

表1-27 工程量清单综合单价分析表18

工程名称:某宾馆装饰装修工程 　　　　　标段:　　　　　　　　第18页 共26页

项目编码	010802002001	项目名称	彩板门	计量单位	樘	工程量	23

清单综合单价组成明细

定额编号	定额名称	定额单位	数量	单价				合价			
				人工费	材料费	机械费	管理费和利润	人工费	材料费	机械费	管理费和利润
4-1	普通门	100m²	0.01	1 409.97	15171.76	96.77	826.31	14.10	151.717 6	0.967 7	8.263 1
人工单价			小　计					14.10	151.717 6	0.967 7	8.263 1
43元/工日			未计价材料					—			
清单项目综合单价								175.05			

材料费明细	主要材料名称、规格、型号	单位	数量	单价/元	合价/元	暂估单价/元	暂估合价/元
	板方木材 综合规格	m³	0.020 8	1 550	32.26		
	木材干燥费	m³	0.020 8	59.38	1.24		
	木门扇 成品	m²	0.866 0	125	108.25		
	麻刀石灰浆	m²	0.002 4	119.42	0.28		
	板方木材 综合规格	m³	0.003 0	1 550	4.59		
	小五金费	元	3.018 4	1	3.02		
	其他材料费			1	2.09	—	
	材料费小计			—	151.72	—	

表1-28 工程量清单综合单价分析表19

工程名称:某宾馆装饰装修工程　　　　标段:　　　　第19页 共26页

项目编码	010802002002	项目名称		彩板门	计量单位	樘	工程量	19

清单综合单价组成明细

定额编号	定额名称	定额单位	数量	单价				合价			
				人工费	材料费	机械费	管理费和利润	人工费	材料费	机械费	管理费和利润
4-1	普通门	100m²	0.01	1 409.97	15 171.76	96.77	826.31	14.10	151.717 6	0.967 7	8.263 1
人工单价			小　计					14.10	151.717 6	0.967 7	8.263 1
43 元/工日			未计价材料					—			
清单项目综合单价								175.05			

	主要材料名称、规格、型号	单位	数量	单价/元	合价/元	暂估单价/元	暂估合价/元
材料费明细	板方木材 综合规格	m³	0.020 8	1 550	32.26		
	木材干燥费	m³	0.020 8	59.38	1.24		
	木门扇 成品	m²	0.866 0	125	108.25		
	麻刀石灰浆	m²	0.002 4	119.42	0.28		
	板方木材 综合规格	m³	0.003 0	1 550	4.59		
	小五金费	元	3.018 4	1	3.02		
	其他材料费			1	2.09		
	材料费小计			—	151.72	—	

表1-29 工程量清单综合单价分析表20

工程名称:某宾馆装饰装修工程　　　　标段:　　　　第20页 共26页

项目编码	011402001001	项目名称		窗油漆	计量单位	m²	工程量	10.8

清单综合单价组成明细

定额编号	定额名称	定额单位	数量	单价				合价			
				人工费	材料费	机械费	管理费和利润	人工费	材料费	机械费	管理费和利润
5-24	单层木窗油调和漆	100m²	0.01	1 556.17	1 106.94	—	1 158.08	15.56	11.069 4	—	11.58
人工单价			小　计					15.56	11.069 4	—	11.58
43 元/工日			未计价材料					—			
清单项目综合单价								38.21			

	主要材料名称、规格、型号	单位	数量	单价/元	合价/元	暂估单价/元	暂估合价/元
材料费明细	无光调和漆	kg	0.416 2	15	6.24		
	调和漆	kg	0.183 4	13	2.38		
	油漆溶剂油	kg	0.092 8	3.5	0.32		
	清油	kg	0.029 6	20	0.59		
	熟桐油(光油)	kg	0.057 4	15	0.86		
	大白粉	kg	0.155 6	0.5	0.08		
	石膏粉	kg	0.044 2	0.8	0.04		
	其他材料费			1	0.55	—	
	材料费小计			—	11.07		

表 1-30 工程量清单综合单价分析表 21

工程名称:某宾馆装饰装修工程　　　　　　　标段:　　　　　　第21页 共26页

项目编码	011402001002	项目名称		窗油漆		计量单位	m²	工程量	111.78

清单综合单价组成明细

定额编号	定额名称	定额单位	数量	单价				合价			
				人工费	材料费	机械费	管理费和利润	人工费	材料费	机械费	管理费和利润
5-24	单层木窗油调和漆	100m²	0.01	1 556.17	1 106.94	—	1 158.08	15.56	11.069 4		11.58
人工单价			小　计					15.56	11.069 4		11.58
43 元/工日			未计价材料					—			
清单项目综合单价								38.21			

	主要材料名称、规格、型号			单位	数量	单价/元	合价/元	暂估单价/元	暂估合价/元
材料费明细	无光调和漆			kg	0.416 2	15	6.24		
	调和漆			kg	0.183 4	13	2.38		
	油漆溶剂油			kg	0.092 8	3.5	0.32		
	清油			kg	0.029 6	20	0.59		
	熟桐油(光油)			kg	0.057 4	15	0.86		
	大白粉			kg	0.155 6	0.5	0.08		
	石膏粉			kg	0.044 2	0.8	0.04		
	其他材料费					1	0.55	—	
	材料费小计					—	11.07	—	

表 1-31 工程量清单综合单价分析表 22

工程名称:某宾馆装饰装修工程　　　　　　　标段:　　　　　　第22页 共26页

项目编码	011401001001	项目名称		门油漆		计量单位	m²	工程量	43.47

清单综合单价组成明细

定额编号	定额名称	定额单位	数量	单价				合价			
				人工费	材料费	机械费	管理费和利润	人工费	材料费	机械费	管理费和利润
5-2	单层木门油调和漆	100m²	0.01	1 556.17	1 327.87	—	1 158.08	15.56	13.278 7	—	11.58
人工单价			小　计					15.56	13.278 7	—	11.58
43 元/工日			未计价材料					—			
清单项目综合单价								40.42			

	主要材料名称、规格、型号			单位	数量	单价/元	合价/元	暂估单价/元	暂估合价/元
材料费明细	无光调和漆			kg	0.499 4	15	7.49		
	调和漆			kg	0.220 1	13	2.86		
	油漆溶剂油			kg	0.111 4	3.5	0.39		
	清油			kg	0.035 5	20	0.71		
	熟桐油(光油)			kg	0.068 9	15	1.03		

（续表）

材料费明细	主要材料名称、规格、型号	单位	数量	单价/元	合价/元	暂估单价/元	暂估合价/元
	大白粉	kg	0.186 7	0.5	0.09		
	石膏粉	kg	0.053 0	0.8	0.04		
	其他材料费			1	0.66	—	
	材料费小计			—	13.28	—	

表 1-32　工程量清单综合单价分析表 23

工程名称：某宾馆装饰装修工程　　　　　　　　标段：　　　　　　　　第 23 页　共 26 页

项目编码	011401001002	项目名称	门油漆	计量单位	m²	工程量	35.91

清单综合单价组成明细

定额编号	定额名称	定额单位	数量	单价				合价			
				人工费	材料费	机械费	管理费和利润	人工费	材料费	机械费	管理费和利润
5-2	单层木门油调和漆	100m²	0.01	1 556.17	1 327.87	—	1 158.08	15.56	13.278 7	—	11.58
人工单价			小　计					15.56	13.278 7	—	11.58
43 元/工日			未计价材料					—			
清单项目综合单价								40.42			

材料费明细	主要材料名称、规格、型号	单位	数量	单价/元	合价/元	暂估单价/元	暂估合价/元
	无光调和漆	kg	0.499 4	15	7.49		
	调和漆	kg	0.220 1	13	2.86		
	油漆溶剂油	kg	0.111 4	3.5	0.39		
	清油	kg	0.035 5	20	0.71		
	熟桐油（光油）	kg	0.068 9	15	1.03		
	大白粉	kg	0.186 7	0.5	0.09		
	石膏粉	kg	0.053 0	0.8	0.04		
	其他材料费			1	0.66	—	
	材料费小计			—	13.28	—	

表 1-33　工程量清单综合单价分析表 24

工程名称：某宾馆装饰装修工程　　　　　　　　标段：　　　　　　　　第 24 页　共 26 页

项目编码	011407001001	项目名称	墙面喷刷涂料	计量单位	m²	工程量	339.07

清单综合单价组成明细

定额编号	定额名称	定额单位	数量	单价				合价			
				人工费	材料费	机械费	管理费和利润	人工费	材料费	机械费	管理费和利润
5-179	丙烯酸彩砂喷涂	100m²	0.01	494.5	8 961.13	166.72	390.72	4.95	89.611 3	1.667 2	3.907 2
人工单价			小　计					4.95	89.611 3	1.667 2	3.907 2
43 元/工日			未计价材料					—			
清单项目综合单价								100.14			

材料费明细	主要材料名称、规格、型号	单位	数量	单价/元	合价/元	暂估单价/元	暂估合价/元
	丙烯酸彩砂涂料	kg	3.800 0	23.5	89.30		
	水泥 32.5	t	0.000 3	280	0.08		
	水	m³	0.006 4	4.05	0.03		
	其他材料费			1	0.20	—	
	材料费小计			—	89.61	—	

表 1-34　工程量清单综合单价分析表 25

工程名称：某宾馆装饰装修工程　　　　　　　标段：　　　　　　　　第 25 页　共 26 页

项目编码	011407001002	项目名称	墙面喷刷涂料	计量单位	m²	工程量	1 469.16

清单综合单价组成明细

定额编号	定额名称	定额单位	数量	单价				合价			
				人工费	材料费	机械费	管理费和利润	人工费	材料费	机械费	管理费和利润
5-183	内墙面	100m²	0.01	165.55	126.36	0	105.49	1.66	1.263 6	—	1.054 9
人工单价			小　计					1.66	1.263 6	—	1.054 9
43 元/工日			未计价材料					—			
清单项目综合单价								3.98			

材料费明细	主要材料名称、规格、型号	单位	数量	单价/元	合价/元	暂估单价/元	暂估合价/元
	涂料 防磁 888	kg	1	1.2	1.20		
	其他材料费			1	0.06		
	材料费小计			—	1.26		

表 1-35　工程量清单综合单价分析表 26

工程名称：某宾馆装饰装修工程　　　　　　　标段：　　　　　　　　第 26 页　共 26 页

项目编码	011407002001	项目名称	天棚喷刷涂料	计量单位	m²	工程量	564.53

清单综合单价组成明细

定额编号	定额名称	定额单位	数量	单价				合价			
				人工费	材料费	机械费	管理费和利润	人工费	材料费	机械费	管理费和利润
5-184	天棚面	100m²	0.01	176.3	128.48	0	112.34	1.76	1.284 8	—	1.123 4
人工单价			小　计					1.76	1.284 8	—	1.123 4
43 元/工日			未计价材料								
清单项目综合单价								4.17			

材料费明细	主要材料名称、规格、型号	单位	数量	单价/元	合价/元	暂估单价/元	暂估合价/元
	涂料　防磁 888	kg	1	1.2	1.2		
	其他材料费			1	0.08	—	
	材料费小计			—	1.28	—	

四、投标报价

(1)投标总价如下所示。

投 标 总 价

招标人：_____某宾馆_____工程

工程名称：_____某宾馆装饰装修工程_____

投标总价(小写)：_____561 340.8

(大写)：_____伍拾陆万壹仟参佰肆拾元捌角

投标人：_____某某建筑装饰公司单位公章_____
(单位盖章)

法定代表人：_____某某建筑公司_____

或其授权人：_____法定代表人_____
(签字或盖章)

编制人：×××签字盖造价工程师或造价员专用章
(造价人员签字盖专用章)

编制时间：××××年××月××日

（2）总说明如下所示,有关投标报价如表1-36～表1-44所示。

总　说　明

工程名称:某宾馆装饰装修　　　　　　　　　　　　　　　　第　页　共　页

1. 工程概况:

本工程为某宾馆装饰装修工程,为两层框架结构,宾馆采用内廊式建筑,建筑面积387.94m²,建筑总高度为7.050m,层高为3.00m,楼板厚均为120mm,楼梯为板式楼梯,平台板厚为100mm,内外墙均为200mm厚加气混凝土砌块,室内外地平高差450mm,屋面女儿墙600mm高,为不上人屋面。

2. 投标控制价包括范围:

为本次招标的装饰装修施工图范围内的装饰装修工程。

3. 投标控制价编制依据:

（1）招标文件及其所提供的工程量清单和有关计价的要求,招标文件的补充通知和答疑纪要。

（2）该工程施工图及投标施工组织设计。

（3）有关的技术标准,规范和安全管理规定。

（4）省建设主管部门颁发的计价定额和计价管理办法及有关计价文件。

（5）材料价格采用工程所在地工程造价管理机构年月工程造价信息发布的价格信息,对于造价信息没有发布的材料,其价格参照市场价。

表1-36　工程项目投标报价汇总表

工程名称:某宾馆装饰装修工程　　　　　　　　　　标段　　　　　　　第　页　共　页

序号	单项工程名称	金额/元	其中/元		
			暂估价	安全文明施工费	规　费
1	某宾馆装饰装修工程	561 340.8	10 000		
	合　　计	561 340.8	10 000		

注:本表适用于建设项目招标控制价或投标报价的汇总。

表1-37　单项工程投标报价汇总表

工程名称:某宾馆装饰装修工程　　　　　　　　　　标段:　　　　　　　第　页　共　页

序号	单项工程名称	金额/元	其中/元		
			暂估价	安全文明施工费	规　费
1	某宾馆装饰装修工程	561 340.8	10 000		
	合　　计	561 340.8	10 000		

注:本表适用于单项工程招标控制价或投标报价的汇总。

暂估价包括分部分项工程中的暂估价和专业工程暂估价。

表 1-38　单位工程投标报价汇总表

工程名称:某宾馆装饰装修工程　　　　　　　　标段:　　　　　　　　第 页 共 页

序　号	汇总内容	金额/元	其中:暂估价/元
1	分部分项工程	321 312.35	10 000
1.1	某宾馆装饰装修工程	321 312.35	10 000
1.2			
1.3			
1.4			
1.5			
2	措施项目	10 744.06	—
2.1	其中:安全文明施工费		—
3	其他项目	203 315.09	—
3.1	其中:暂估价		—
3.2	其中:暂列金额	32 131.23	—
3.3	其中:专业工程暂估价	10 000	—
3.4	其中:计日工	160 783.86	—
3.5	其中:总承包服务费	400	—
4	规费	7 443.04	—
5	税金	18 526.26	—
	合 计 = 1 + 2 + 3 + 4 + 5	561 340.8	—

注:本表适用于单位工程招标控制价或投标报价的汇总,如无单位工程划分,单项工程也使用本表汇总。

表 1-39　总价措施项目清单与计价表

工程名称:某宾馆装饰装修工程　　　　　　　　标段:　　　　　　　　第 页 共 页

序号	项目编码	项目名称	计算基础	费率/%	金额/元	调整费率/%	调整后金额/元	备　注
1		安全文明施工费	人工费 + 机械费(82 901.65)	8.88	7 361.67			
2		夜间施工增加费	人工费 + 机械费(82 901.65)	0.68	563.73			费率 = 合同工期/定额工期
3		二次搬运费	人工费 + 机械费(82 901.65)	2.04	1 691.20			费率 = 现场面积/首层面积
4		冬雨季施工增加费	人工费 + 机械费(82 901.65)	1.36	1 127.46			费率 = 合同工期/定额工期
	合　计				10 744.06			

编制人(造价人员):　　　　　　　　　　　　　复核人(造价工程师):

注:"计算基础"中安全文明施工费可为"定额基价"、"定额人工费"或"定额人工费 + 定额机械费",其他项目可为"定额人工费"或"定额人工费 + 定额机械费"。

按施工方案计算的措施费,若无"计算基础"和"费率"的数值,也可只填"金额"数值,但应在备注栏说明施工方案出处或计算方法。

表中的费率来自河南省建设工程工程量清单综合单价(2008) - B. 装饰装修工程。(费率为估算取值)

表1-40 其他项目清单与计价汇总表

工程名称:某宾馆装饰装修工程　　　　　　　　标段:　　　　　　　　第 页 共 页

序号	项目名称	金额/元	结算金额/元	备 注
1	暂列金额	32 131.23		一般按分部分项工程的10%
2	暂估价	10 000		
2.1	材料(工程设备)暂估价/结算价	—		
2.2	专业工程暂估价/结算价			按有关规定估算
3	计日工	160 783 86		
4	总承包服务费	400		一般按专业工程造价的2%~4%
5	索赔与现场签证	—		
	合 计	203 315.09		

注:材料(工程设备)暂估单价进入清单项目综合单价,此处不汇总。

表1-41 暂列金额明细表

工程名称:某宾馆装饰装修工程　　　　　　　　标段:　　　　　　　　第 页 共 页

编 号	项目名称	计量单位	暂定金额/元	备 注
1	暂列金额		32 131.23	一般按分部分项工程的10%
2				
3				
4				
5				
6				
7				
8				
9				
10				
11				
	合 计		32 131.23	—

注:此表由招标人填写,如不能详列,也可只列暂定金额总额,投标人应将上述暂列金额计入投标总价中。

表1-42 专业工程暂估价及结算价表

工程名称:某宾馆装饰装修工程　　　　　　　　标段:　　　　　　　　第 页 共 页

序号	工程名称	工程内容	暂估金额/元	结算金额/元	差额±/元	备 注
1	某宾馆装饰装修工程		10 000			
	合 计		10 000			

注:此表"暂估金额"由招标人填写,投标人应将"暂估金额"计入投标总价中。结算时按合同约定结算金额填写。

表1-43 计日工表

工程名称:某宾馆装饰装修工程　　　　　标段:　　　　　　　　第 页 共 页

编号	项目名称	单位	暂定数量	实际数	综合单价	合价 暂定	合价 实际
一	人工						
1	普工	工日	200	60		12 000	
2	技工(综合)	工日	50	100		5 000	
3							
4							
	人 工 小 计					17 000	
二	材料						
1	大理石板(500×500mm)	m²	400	130		42 000	
2	花岗岩台阶石	m	20	88		1 760	
3	防滑砖(300×300mm)	1	千块	2 500		2 500	
4	水泥42.5	t	20	320		6 400	
5	彩板门	m²	350	150		52 500	
6							
	材 料 小 计					105 100	
三	施工机械						
1	灰浆搅拌机	台班	2	18.38		37	
2	自升式塔式起重机	台班	5	526.20		2 631	
3							
4							
	施工机械小计					2 668	
	四、企业管理费和利润					53 015.86	
	总　计					160 783.86	

注:此表项目名称、暂定数量由招标人填写,编制招标控制价时,单价由招标人按有关计价规定确定;投标时,单价由投标人自主报价,按暂定数量计算合价计入投标总价中。结算时,按发承包双方确认的实际数量计算合价。

表1-44 规费、税金项目计价表

工程名称:某宾馆装饰装修工程　　　　　标段:　　　　　　　　第 页 共 页

序号	项目名称	计算基础	计算基数	计算费率/%	金额/元
1	规费	定额人工费	81 078.90	9.18	7 443.04
1.1	社会保险费	定额人工费	81 078.90	7.48	6 064.70
(1)	养老保险费	定额人工费			
(2)	失业保险费	定额人工费			
(3)	医疗保险费	定额人工费			
(4)	工伤保险费	定额人工费			
(5)	生育保险费	定额人工费			
1.2	住房公积金	定额人工费	81 078.90	1.70	1 378.34

（续表）

序号	项目名称	计算基础	计算基数	计算费率/%	金额/元
1.3	工程排污费	按工程所在地环境保护部门收取标准,按实计入			
2	税金	分部分项工程费 + 措施项目费 + 其他项目费 + 规费 - 按规定不计税的工程设备金额	542 814.54	3.413	18 526.26
合　计					25 969.30

编制人(造价人员)：　　　　　　　　　复核人(造价工程师)：

（3）工程量清单综合单价分析见例题中表1-10～表1-35所示。

项目二 某大学学生食堂

该工程为两层钢筋混凝土结构,如图2-1~图2-18所示。建筑面积为2 827.44m²,200厚加气混凝土砌块,室内外地坪高差450mm。首层分为学生就餐区、厨房、储物间、配电室、厕所等区域,在建筑物南面、东面、西面各有一个学生入口,在建筑物北面有一个员工入口;二层分为学生就餐区、厨房、储物间、微机室、厕所等区域。屋面为不上人屋面。

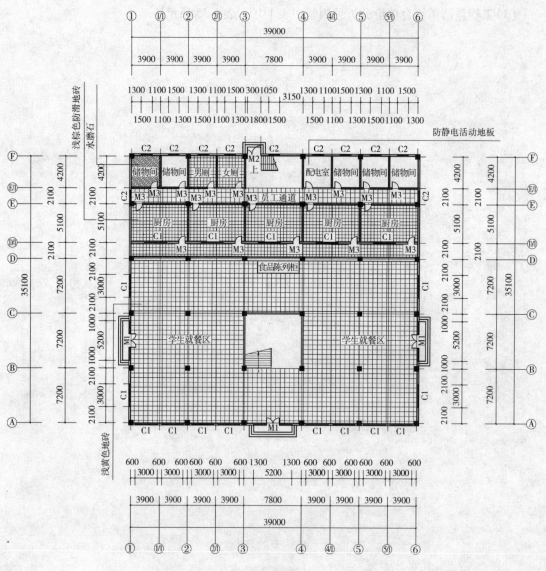

图2-1 首层地面布置图 1:100

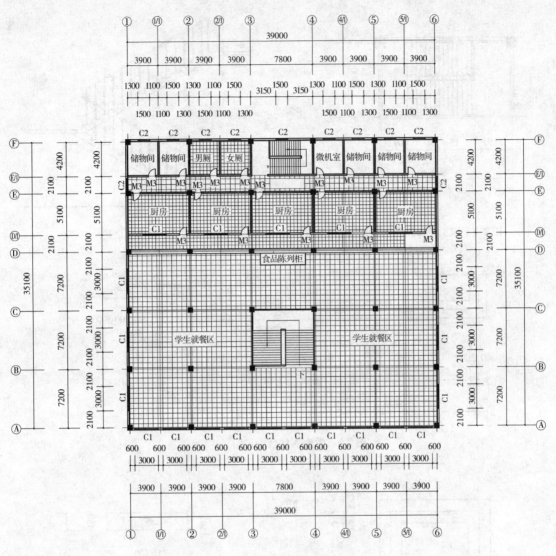

图2-2　二层地面布置图　1:100

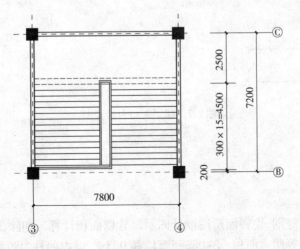

图2-3　学生就餐区楼梯详图　1:100

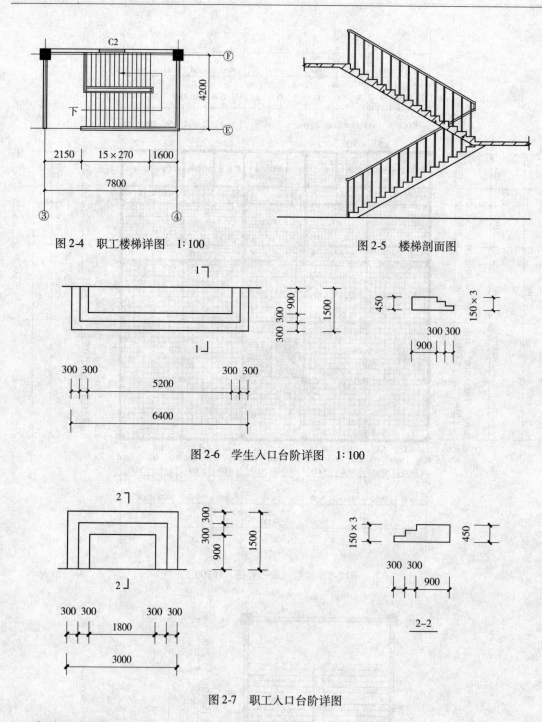

图 2-4　职工楼梯详图　1:100　　　　　图 2-5　楼梯剖面图

图 2-6　学生入口台阶详图　1:100

图 2-7　职工入口台阶详图

一、清单工程量

1.楼地面工程

1)学生就餐区

根据工程量计算规则,块料面层按设计图示尺寸以面积计算。扣除凸出地面构筑物、设备基础、室内铁道、地沟等所占面积,不扣除间壁墙和 0.3m² 以内的柱、垛、附墙烟囱及孔洞所占面积。门洞、空圈、暖气包槽、壁龛的开口部分不增加面积。踢脚线按设计图示长度乘以高度

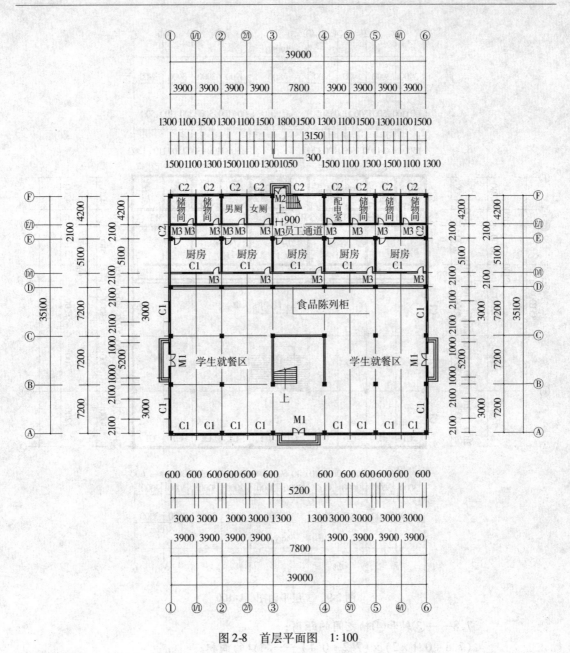

图 2-8 首层平面图 1:100

以面积计算。

(1)铺浅黄色地砖地面工程量。

$$S = [(7.2 \times 3 - 0.3 + 0.1) \times (39 + 0.1 + 0.1) - (7.8 + 0.1 \times 2) \times (7.2 + 0.1) - 0.6 \times 0.6 \times 4] \times 2m^2$$

$$= 1\ 558.08m^2$$

【注释】 式中的 3 个 7.2 分别为——Ⓐ轴和Ⓑ轴、Ⓑ轴和Ⓒ轴、Ⓒ轴和Ⓓ轴之间的距离;

　　　　 3——三个横向柱距;

　　　　 0.3——柱横截面宽度的一半;

　　　　 0.1——外墙内侧距轴线的距离;

　　　　 39——①轴和⑥轴之间的距离;

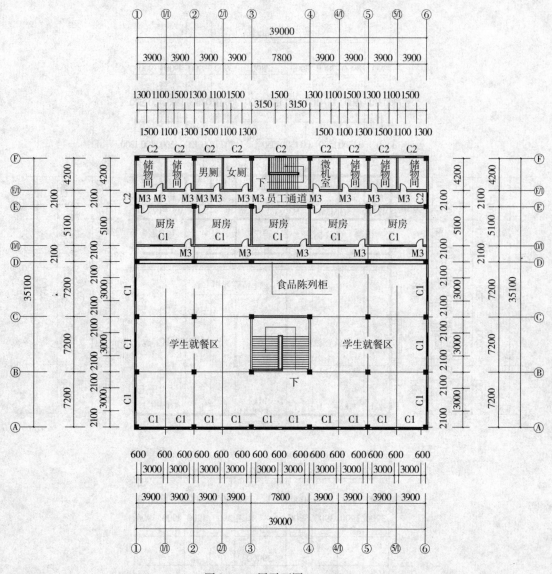

图 2-9　二层平面图　1：100

7.8——③轴和④轴之间的距离；

（7.8 + 0.1×2）×（7.2 + 0.1）——洞口的面积；

0.6——柱子边长；

中括号外 2——建筑物一共两层。

（2）大理石踢脚线工程量。

$$S = \big[(7.2\times3 - 0.3\times2 - 5.2 + 0.4\times5)\times2 + (39 + 0.1\times2 - 5.2 + 0.4\times10) + (39 + 0.1\times2) + (7.2\times2 + 7.8 + 0.3\times10 + 0.2\times6) + (39\times2 + 7.2\times3\times2 + 0.4\times8 + 0.1\times4 - 0.3\times2) \big] \times 0.15\,\mathrm{m}^2$$

$$= 263.4\times0.15\,\mathrm{m}^2 = 39.51\,\mathrm{m}^2$$

【注释】　式中的 3 个 7.2 分别为——Ⓐ轴和Ⓑ轴、Ⓑ轴和Ⓒ轴、Ⓒ轴和Ⓓ轴之间的距离；

　　　　　3——柱横截面面积的一半；

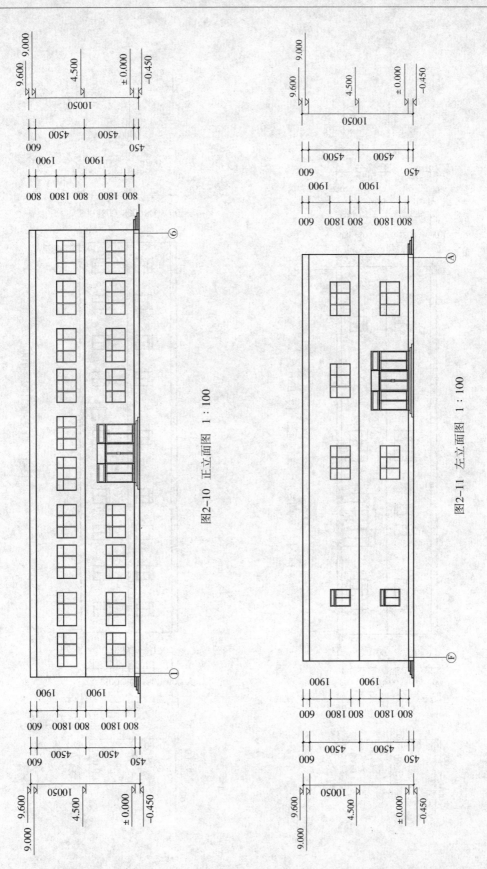

图2-10　正立面图　1∶100

图2-11　左立面图　1∶100

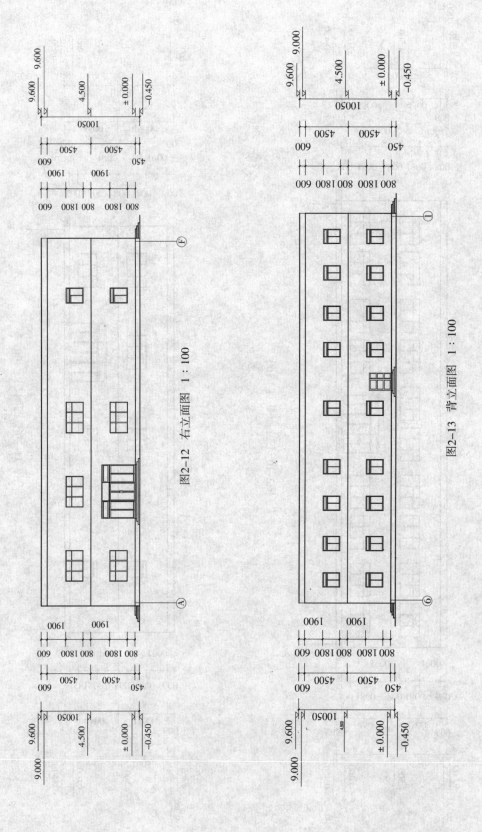

图2-12 右立面图 1:100

图2-13 背立面图 1:100

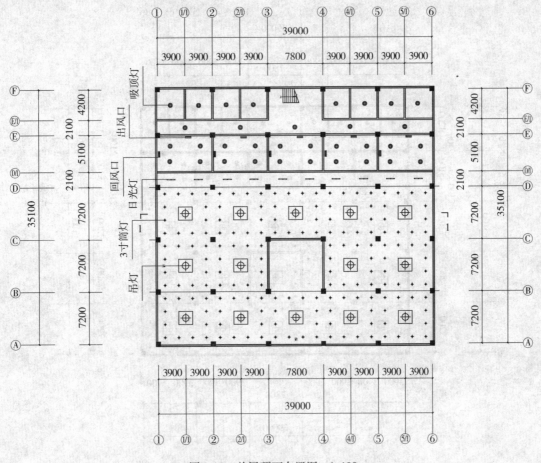

图 2-14　首层顶面布置图　1:100

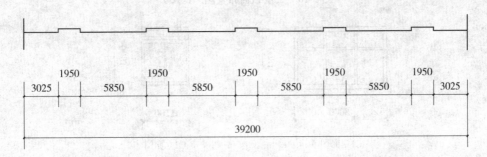

图 2-15　1-1 剖面图

0.4——外墙内侧与柱边的距离；

5.2——入口处门 M1 的宽度；

39——①轴和⑥轴之间的距离；

7.8——纵向柱距；

0.15——大理石踢脚线的高度。

2）厨房、卫生间

（1）铺浅棕色防滑地砖工程量。

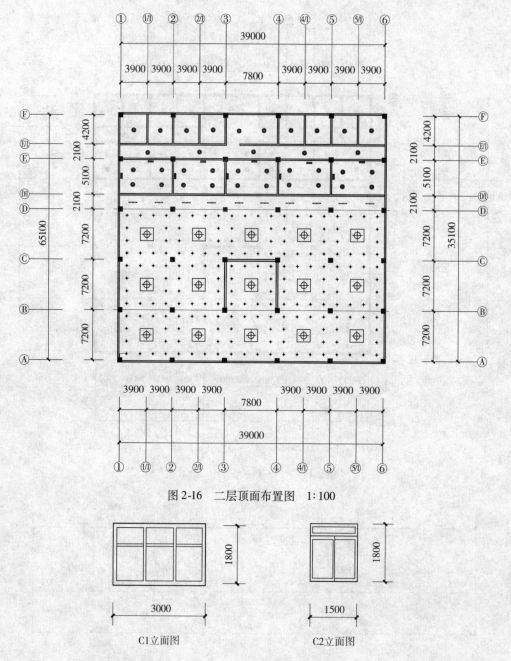

图 2-16　二层顶面布置图　1:100

C1立面图　　　　　　　C2立面图

图 2-17　窗 立 面 图

$$S = \left[(5.1 - 0.1 \times 2) \times (3.9 \times 2 + 0.1 - 0.1) \times 4 + (5.1 - 0.1 \times 2) \times (3.9 \times 2 - 0.1 - 0.1) \times \right.$$
$$\left. 6 + (4.2 - 0.1 + 0.1) \times (3.9 - 0.1 - 0.1) \times 4 \right] \text{m}^2$$
$$= 438.48 \text{m}^2$$

【注释】　5.1——Ⓓ/1轴与Ⓔ轴之间的距离；

　　　　　0.1——墙厚的一半；

　　　　　3.9——纵向柱距；

　　　　　第二个2——厨房纵向为两个柱距；

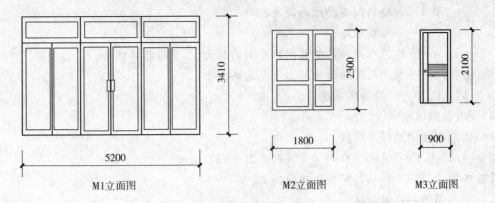

图 2-18 门 立 面 图

4——建筑物两端的厨房比中间的稍大,上下层总共四个;

6——建筑物中间的三个厨房,上下层总共六个;

4.2——⑪轴和⑤轴之间的距离;

4——上下层男女卫生间总共四个。

(2)瓷砖踢脚线工程量。

$$S = \{[(3.9 \times 2 - 0.1 + 0.1) \times 2 + (5.1 - 0.1 \times 2) \times 2] \times 4 + [(3.9 \times 2 - 0.1 \times 2) \times 2 + (5.1 - 0.1 \times 2) \times 2 \times 6] + [(3.9 - 0.1 \times 2) \times 2 + (4.2 - 0.1 + 0.1) \times 2] \times 4\} \times 0.15\text{m}^2$$
$$= 238.8 \times 0.15\text{m}^2 = 35.82\text{m}^2$$

【注释】 3.9——纵向柱距;

2——每个房间相对的两个墙面;

5.1——⑪轴和⑤轴之间的距离;

4——建筑物两端的厨房比中间的稍大,上下层总共四个;

6——相同尺寸的厨房上下层总共六个;

$[(3.9 - 0.1 \times 2) \times 2 + (4.2 - 0.1 + 0.1) \times 2] \times 4$——上下层男女卫生间总长度;

0.15——踢脚线的高度。

3)储物间

(1)水磨石地面工程量。

$$S = [(4.2 - 0.1 + 0.1) \times (3.9 + 0.1 - 0.1) \times 4 + (4.2 - 0.1 + 0.1) \times (3.9 - 0.1 \times 2) \times 6]\text{m}^2$$
$$= 158.76\text{m}^2$$

【注释】 4.2——⑪轴与⑤轴之间的距离;

0.1——墙内侧与轴线的距离;

3.9——纵向柱距;

4——建筑物两端的储物间比中间的稍大,上下层总共四个;

6——相同尺寸的储物间上下层总共六个。

(2)瓷砖踢脚线工程量。

$$S = \{[(4.2 - 0.1 + 0.1) \times 2 + (3.9 + 0.1 - 0.1) \times 2] \times 4 + [(4.2 - 0.1 + 0.1) \times 2 + (3.9 - 0.1 \times 2) \times 2] \times 6\} \times 0.15\text{m}^2$$
$$= 159.6 \times 0.15\text{m}^2 = 23.94\text{m}^2$$

【注释】 4.2——⑪轴与⑤轴之间的距离;

0.1——墙内侧与轴线的距离;

3.9——纵向柱距;

4——建筑物两端的储物间比中间的稍大,上下层总共四个;

6——相同尺寸的储物间上下层总共六个;

0.15——踢脚线高度。

4)配电室微机室

(1)防静电活动地板工程量。

$$S = (4.2 - 0.1 + 0.1) \times (3.9 - 0.1 \times 2) \times 2 \mathrm{m}^2 = 31.08 \mathrm{m}^2$$

【注释】 4.2——E/1轴与F轴之间的距离;

3.9——纵向柱距;

2——两层共两个。

(2)瓷砖踢脚线工程量。

$$S = [(4.2 - 0.1 \times 2) \times 2 + (3.9 - 0.1 \times 2) \times 2] \times 0.15 \mathrm{m}^2 = 15.4 \times 0.15 \mathrm{m}^2 = 2.31 \mathrm{m}^2$$

【注释】 4.2——E/1轴与F轴之间的距离;

3.9——纵向柱距;

0.15——踢脚线高度。

5)员工通道

(1)铺浅黄色地砖地面工程量。

$$S = [(2.1 - 0.1 \times 2) \times (39 + 0.1 \times 2)] \times 2 \mathrm{m}^2 = 148.96 \mathrm{m}^2$$

【注释】 2.1——E轴与E/1轴之间的距离;

0.1——墙体靠近员工通道侧与轴线的距离;

39——①轴与⑥轴之间的距离;

中括号外的2——上下两层的员工通道。

(2)大理石踢脚线工程量。

$$S = \{[(39 + 0.1 \times 2) + (2.1 - 0.1 \times 2)] \times 2 - 0.9 \times 13 - (7.8 - 0.2)\} \times 2 \times 0.15 \mathrm{m}^2$$
$$= 62.90 \times 2 \times 0.15 \mathrm{m}^2 = 18.87 \mathrm{m}^2$$

【注释】 2.1——E轴与E/1轴之间的距离;

0.1——墙体靠近员工通道侧与轴线的距离;

39——①轴与⑥轴之间的距离;

中括号外的2——上下两层的员工通道;

0.9——门 M3 的宽度;

7.8——③轴与④轴之间的距离;

0.2——墙厚;

大括号外2——上下两层层数;

0.15——大理石踢脚线的高度。

6)楼梯

根据工程量计算规则,按设计图示尺寸以楼梯(包括踏步、休息平台及 500mm 以内的梯井)水平投影面积计算。楼梯与楼地面相连时,算至梯口梁内侧边沿;无梯口梁者,算至最上一层踏步边沿加 300mm。

楼梯水磨石面层工程量:

$$S = \{[(7.8-0.2)\times(4.5+2.5-0.2)]+[(4.2+0.1-0.1)\times(4.05+1.6-0.1)]\}\,\mathrm{m}^2$$
$$= (51.68+23.31)\,\mathrm{m}^2 = 74.99\,\mathrm{m}^2$$

【注释】　7.8——③轴与④轴之间的距离；

　　　　　0.2——墙厚；

　　　　　4.5——梯段水平投影长度；

7)扶手、栏杆

根据工程量计算规则,按设计图示尺寸以扶手中心线长度(包括弯头长度)计算。

(1)职工入口扶手栏杆。

扶手斜长 $= \sqrt{4.05^2+2.25^2}\,\mathrm{m} = 4.63\,\mathrm{m}$

扶手总长度 $= (4.63\times2+0.1\times4+0.2+2.2)\,\mathrm{m} = 12.06\,\mathrm{m}$

【注释】　4.05——梯段水平投影长度；

　　　　　2.25——一跑楼梯的垂直高度；

　　　　　2——楼梯为两跑；

　　　　　0.1——扶手伸出长度；

　　　　　4——扶手总共有四个伸出；

　　　　　0.2——梯井宽度；

　　　　　2.2——楼梯洞口栏杆长度。

(2)学生就餐区扶手栏杆。

扶手斜长 $= \sqrt{4.5^2+2.25^2}\,\mathrm{m} = 5.03\,\mathrm{m}$

扶手总长度 $= (5.03\times2+0.1\times4+0.2+0.5+3.85+6.6\times2+7.2)\,\mathrm{m} = 35.41\,\mathrm{m}$

【注释】　4.5——梯段水平投影长度；

　　　　　2.25——一跑楼梯的垂直高度；

　　　　　2——楼梯为两跑；

　　　　　0.1——扶手伸出长度；

　　　　　4——扶手总共有四个伸出；

　　　　　0.2——梯井宽度；

　　　　　0.5——梯井宽度；

　　　　　3.85,6.6,7.2——分别为二楼楼梯洞口栏杆长度。

8)台阶

根据工程量计算规则,按设计图示尺寸以台阶(包括最上层踏步边沿加300mm)水平投影面积计算。

台阶水磨石工程量:

$$S = \{[6.4\times1.5-(5.2-0.3\times2)\times(0.9-0.3)]\times3+[3\times1.5-(1.8-0.3\times2)\times(0.9-0.3)]\}\,\mathrm{m}^2$$
$$= 24.30\,\mathrm{m}^2$$

【注释】　6.4——学生入口台阶外围轮廓长度；

　　　　　1.5——学生入口台阶外围轮廓宽度；

　　　　　5.2——学生入口门的宽度；

　　　　　0.3——最上层踏步边沿所加的0.3m；

0.9——学生入口平台部分的宽度；

3——学生入口共有三个；

第二个3——职工入口台阶外围的长度；

第二个1.5——职工入口台阶外围的宽度；

1.8——职工入口门的宽度；

0.9——职工入口平台的宽度。

平台部分水磨石工程量：$S = \big[(5.2 - 0.3 \times 2) \times (0.9 - 0.3) \times 3 + (1.8 - 0.3 \times 2) \times$
$$(0.9 - 0.3)\big]m^2$$
$$= 9.00m^2$$

【注释】5.2——学生入口门的宽度；

0.3——最上层踏步边沿所加的0.3m；

3——学生入口共有三个；

0.9——平台部分的宽度；

1.8——职工入口门的宽度。

9)各项工程工程量统计

(1)整体面层。

水磨石地面工程量 = 158.76m²

(2)块料面层。

铺浅黄色地砖工程量 = (1 558.08 + 148.96)m² = 1 707.04m²

铺浅棕色防滑地砖工程量 = 438.48m²

(3)其他材料面层。

防静电活动地板工程量 = 31.08m²

(4)踢脚线。

大理石踢脚线工程量 = (39.51 + 18.87)m² = 58.38m²

瓷砖踢脚线工程量 = (35.82 + 23.94 + 2.31)m² = 62.07m²

(5)楼梯装饰。

现浇水磨石楼梯面工程量 = 74.99m²

(6)扶手、栏杆、栏板装饰。

金属扶手带栏杆工程量 = (12.06 + 35.41)m = 47.47m

(7)台阶装饰。

现浇水磨石台阶面工程量 = (24.30 + 9.00)m² = 33.30m²

2. 墙、柱面工程

本工程室内墙面抹灰采用1:2水泥砂浆打底、1:3水泥砂浆找平、麻刀石灰面层，共20mm厚。室内墙裙采用油漆墙裙，高度为0.8m。卫生间为瓷砖墙裙，高度为0.8m。外墙正立面、左立面和右立面墙体为浅色水刷石，背立面墙体抹灰。

外墙裙采用水磨石，高度为0.45m。

1)室内墙面抹灰

室内抹灰面积，按设计图示尺寸以面积计算。扣除墙裙、门窗洞口及单个0.3m²以上的孔洞面积，不扣除踢脚线、挂镜线和墙与构件交接处的面积，门窗洞口和孔洞的侧壁及顶面亦不增加。附墙柱、梁、垛、烟囱侧壁面积并入相应的墙面面积内。

内墙抹灰长度,以主墙间的图示净长尺寸计算。其高度确定如下:

(1)无墙裙的,其高度按室内地面或楼面至天棚底面之间距离计算。

(2)有墙裙的,其高度按墙裙顶至天棚底面之间距离计算。

(3)钉板条天棚的内墙抹灰,其高度按室内地面或楼面至天棚底面另加100mm计算。

内墙裙抹灰面积按内墙净长乘以高度计算。应扣除门窗洞口和空圈所占的面积,门窗洞口和空圈的侧壁面积不另增加,墙垛、附墙烟囱侧壁面积并入墙裙抹灰面积计算。

(1)首层。

①轴:$[(35.1+0.1-0.2\times2+0.4\times8)\times(4.5-0.1-0.8+0.1)-5.2\times3.41-1.8\times3.0\times2-1.5\times1.8]m^2=(140.6-31.23)m^2=109.37m^2$

【注释】　35.1——Ⓐ轴与Ⓕ轴之间的距离;

　　　　　0.1——外墙内侧与轴线的距离;

　　　　　0.2——内墙厚;

　　　　　0.4——柱子侧面伸出墙面的宽度;

　　　　　8——共有8个柱侧面;

　　　　　4.5——层高;

　　　　　第二个0.1——楼面板厚度;

　　　　　0.8——墙裙高度;

　　　　　第三个0.1——按照计算规则,内墙抹灰面其高度需另加100mm;

　　　　　5.2——M1门的宽度;

　　　　　3.41——M1门的高度;

　　　　　1.8——C1的高度;

　　　　　3——C1的宽度;

　　　　　2——在①轴上共有两个C1;

　　　　　1.5——C2的宽度;

　　　　　1.8——C2的高度。

Ⓜ轴:$(4.2+0.1-0.1)\times(4.5-0.8+0.1)\times2m^2=31.92m^2$

【注释】　4.2——Ⓔ/Ⓕ轴之间的距离;

　　　　　第一个0.1——外墙内侧与轴线的距离;

　　　　　第二个0.1——墙厚的一半;

　　　　　4.5——层高;

　　　　　0.8——墙裙高度;

　　　　　第三个0.1——按照计算规则,内墙抹灰面其高度需另加100mm;

　　　　　2——轴两侧墙面。

②轴:$(4.2+0.1-0.1+5.1-0.1-0.1+0.2)\times(4.5-0.8+0.1)\times2m^2=70.68m^2$

【注释】　4.2——Ⓔ/Ⓕ轴之间的距离;

　　　　　第一个0.1——外墙内侧与轴线的距离;

　　　　　第二个0.1——墙厚的一半;

　　　　　5.1——Ⓓ/Ⓔ轴之间的距离;

　　　　　第三、四个0.1——墙厚的一半;

　　　　　0.2——柱横截面伸进走廊的侧边宽度;

4.5——层高；

0.8——墙裙高度；

第五个0.1——按照计算规则，内墙抹灰面其高度需另加100mm；

2——轴两侧墙面。

㉑轴：$(4.2+0.1-0.1) \times (4.5-0.8+0.1) \times 2m^2 = 31.92m^2$

【注释】 4.2——㉑与F轴之间的距离；

第一个0.1——外墙内侧与轴线的距离；

第二个0.1——墙厚的一半；

4.5——层高；

0.8——墙裙高度；

第三个0.1——按照计算规则，内墙抹灰面其高度需另加100mm；

2——轴两侧墙面。

③轴：$\{[(4.2+0.1-0.1)+(5.1-0.2+0.2) \times 2+(7.2-0.1+0.6)] \times (4.5-0.8+0.1) + (4.2+0.1+0.3) \times (4.5 \times 2-0.8+0.1)+(7.2-0.1+0.3) \times 4.5\}m^2 = 155.46m^2$

【注释】 4.2——㉑与F轴之间的距离；

第一个0.1——外墙内侧与轴线的距离；

第二个0.1——墙厚的一半；

5.1——㉓与E轴之间的距离；

0.2——墙厚；

第二个0.2——柱横截面伸进走廊的侧边宽度；

7.2——B与C轴之间的距离；

0.6——柱横截面边长；

4.5——层高；

0.8——墙裙高度；

第四个0.1——按照计算规则，内墙抹灰面其高度需另加100mm；

0.3——柱边长的一半；

第二个2——本工程一共两层。

④轴：$\{[(4.2+0.1-0.1)+(5.1-0.2+0.2) \times 2+(7.2-0.1+0.6)] \times (4.5-0.8+0.1) + (4.2+0.1+0.3) \times (4.5 \times 2-0.8+0.1)+(7.2-0.1+0.3) \times 4.5\}m^2 = 155.46m^2$

【注释】 4.2——㉑与F轴之间的距离；

第一个0.1——外墙内侧与轴线的距离；

第二个0.1——墙厚的一半；

5.1——㉓与E轴之间的距离；

0.2——墙厚；

第二个0.2——柱横截面伸进走廊的侧边宽度；

7.2——B与C轴之间的距离；

0.6——柱横截面边长；

4.5——层高；

0.8——墙裙高度；

第四个0.1——按照计算规则，内墙抹灰面其高度需另加100mm；

0.3——柱边长的一半；

第二个2——本工程一共两层。

④/I轴：$(4.2+0.1-0.1)×(4.5-0.8+0.1)×2m^2=31.92m^2$

【注释】　4.2——E/I与F轴之间的距离；

第一个0.1——外墙内侧与轴线的距离；

第二个0.1——墙厚的一半；

0.8——墙裙高度；

第三个0.1——按照计算规则，内墙抹灰面其高度需另加100mm；

2——轴两侧墙面。

⑤轴：$(4.2+0.1-0.1+5.1-0.1-0.1+0.2)×(4.5-0.8+0.1)×2m^2=70.68m^2$

【注释】　4.2——E/I与F轴之间的距离；

第一个0.1——外墙内侧与轴线的距离；

第二个0.1——墙厚的一半；

5.1——D/I与E轴之间的距离；

第三、四个0.1——墙厚的一半；

0.2——柱横截面伸进走廊的侧边宽度；

4.5——层高；

0.8——墙裙高度；

第五个0.1——按照计算规则，内墙抹灰面其高度需另加100mm；

2——轴两侧墙面。

⑤/I轴：$(4.2+0.1-0.1)×(4.5-0.8+0.1)×2m^2=31.92m^2$

【注释】　4.2——E/I与F轴之间的距离；

第一个0.1——外墙内侧与轴线的距离；

第二个0.1——墙厚的一半；

4.5——层高；

0.8——墙裙高度；

第三个0.1——按照计算规则，内墙抹灰面其高度需另加100mm；

2——轴两侧墙面。

⑥轴：$[(35.1+0.1-0.2×2+0.4×8)×(4.5-0.1-0.8+0.1)-5.2×3.41-1.8×3.0×2-1.5×1.8]m^2=(140.6-31.23)m^2=109.37m^2$

【注释】　35.1——A轴与F轴之间的距离；

0.1——外墙内侧与轴线的距离；

0.2——内墙厚；

0.4——柱子侧面伸出墙面的宽度；

8——共有8个柱侧面；

4.5——层高；

第二个0.1——楼面板厚度；

0.8——墙裙高度；

第三个0.1——按照计算规则，内墙抹灰面其高度需另加100mm；

5.2——M1门的宽度；

3.41——M1 门的高度；

1.8——C1 的高度；

3——C1 的宽度；

2——在⑥轴上共有两个 C1；

1.5——C2 的宽度；

1.8——C2 的高度。

Ⓐ轴：$[(39+0.1\times2+0.4\times8)\times(4.5-0.8+0.1)-1.8\times3\times8-5.2\times3.41]m^2$

　　$=100.19m^2$

【注释】39——①轴与⑥轴之间的距离；

0.1——外墙内侧与轴线的距离；

0.4——柱子侧面伸出墙面的宽度；

8——共有 8 个侧面；

4.5——层高；

0.8——墙裙高度；

第二个 0.1——按照计算规则，内墙抹灰面其高度需另加 100mm；

1.8——C1 的高度；

3——C1 的宽度；

第二个 8——该轴上 C1 的个数；

5.2——M1 门的宽度；

3.41——M1 门的高度。

Ⓒ轴：$[(7.8-0.2)\times(4.5-0.8)+(7.8+0.2)\times(4.5-0.8+0.1)]m^2=58.52m^2$

【注释】7.8——③轴与④轴之间的距离；

0.2——内墙的厚度；

4.5——层高；

0.8——墙裙高度；

0.1——按照计算规则，内墙抹灰面其高度需另加 100mm。

Ⓓ轴：$(0.6\times8+0.4\times4)\times(4.5-0.8+0.1)m^2=24.32m^2$

【注释】0.6——柱截面的边长；

8——该轴上柱侧面宽度为 0.6m 的个数；

0.4——柱子侧面伸出墙面的宽度；

4——柱子侧面伸出墙面的宽度为 0.4m 的侧面的个数；

4.5——层高；

0.8——墙裙高度；

0.1——按照计算规则，内墙抹灰面其高度需另加 100mm。

Ⓓ/①轴：$\{[(39+0.1\times2)\times2-0.2\times4]\times(4.5-0.8+0.1)-1.8\times3\times5\times2-0.9\times2.1\times5\times$

　　$2\}m^2=221.98m^2$

【注释】39——①轴与⑥轴之间的距离；

0.1——外墙内侧与轴线的距离；

2——①轴和⑥轴所对应的两面墙；

第二个 2——墙的两侧；

0.2——内墙墙厚；

4——共有四面内墙与该轴相交；

4.5——层高；

0.8——墙裙高度；

第二个0.1——按照计算规则，内墙抹灰面其高度需另加100mm；

1.8——C1的高度；

3——C1的宽度；

5——该轴上C1的个数；

0.9——门M3的宽度；

2.1——门M3的宽度；

第二个5——该轴上门M3的个数。

Ⓔ轴：$\{[(39+0.1\times2)\times2-0.2\times4]\times(4.5-0.8+0.1)-0.9\times2.1\times5\times2\}m^2=275.98m^2$

【注释】 39——①轴与⑥轴之间的距离；

0.1——外墙内侧与轴线的距离；

2——①轴和⑥轴所对应的两面墙；

第二个2——墙的两侧；

0.2——内墙墙厚；

4——共有四面内墙与该轴相交；

4.5——层高；

0.8——墙裙高度；

第二个0.1——按照计算规则，内墙抹灰面其高度需另加100mm；

0.9——门M3的宽度；

2.1——门M3的宽度；

5——该轴上门M3的个数。

Ⓔ/①轴：$\{[(39+0.1\times2-7.8-0.2)\times2-0.2\times7]\times(4.5-0.8+0.1)-0.9\times2.1\times8\times2\}m^2=$
   $201.56m^2$

【注释】 39——①轴与⑥轴之间的距离；

0.1——外墙内侧与轴线的距离；

2——①轴和⑥轴所对应的两面墙；

7.8——③轴和④轴之间的距离；

0.2——内墙厚度；

第二个2——墙的两侧；

0.2——内墙墙厚；

7——共有7面内墙与该轴相交；

4.5——层高；

0.8——墙裙高度；

第二个0.1——按照计算规则，内墙抹灰面其高度需另加100mm；

0.9——门M3的宽度；

2.1——门M3的宽度；

8——该轴上门M3的个数。

Ⓕ轴：{[(39 + 0.1 × 2 - 0.2 × 8) × (4.5 - 0.8 + 0.1) - 1.5 × 1.8 × 9 - 1.8 × 2.3]}m² = 114.44m²

【注释】 39——①轴与⑥轴之间的距离；

0.1——外墙内侧与轴线的距离；

2——①轴和⑥轴所对应的两面墙；

0.2——内墙厚度；

8——共有 8 面内墙与该轴相交；

4.5——层高；

0.8——墙裙高度；

第二个 0.1—— 按照计算规则，内墙抹灰面其高度需另加 100mm；

1.8——C2 的高度；

1.5——C2 的宽度；

9——该轴上 C2 的个数；

第二个 1.8——门 M2 的宽度；

2.3——门 M2 的高度。

$\sum$ = 1 795.83m²

（2）二层。

①轴：[(35.1 + 0.1 - 0.2 × 2 + 0.4 × 8) × (4.5 - 0.1 - 0.8 + 0.1) - 1.8 × 3.0 × 3 - 1.5 × 1.8]m² = (140.6 - 18.9)m² = 121.7m²

【注释】 35.1——Ⓐ轴与Ⓕ轴之间的距离；

0.1——外墙内侧与轴线的距离；

0.2——内墙厚；

0.4——柱子侧面伸出墙面的宽度；

8——共有 8 个柱侧面；

4.5——层高；

第二个 0.1——楼面板厚度；

0.8——墙裙高度；

第三个 0.1——按照计算规则，内墙抹灰面其高度需另加 100mm；

1.8——C1 的高度；

3——C1 的宽度；

3——在①轴上共有 3 个 C1；

1.5——C2 的宽度；

1.8——C2 的高度。

Ⓔ/Ⓐ轴：(4.2 + 0.1 - 0.1) × (4.5 - 0.8 + 0.1) × 2m² = 31.92m²

【注释】 4.2——Ⓔ/Ⓐ与Ⓕ轴之间的距离；

第一个 0.1——外墙内侧与轴线的距离；

第二个 0.1——墙厚的一半；

4.5——层高；

0.8——墙裙高度；

第三个 0.1——按照计算规则，内墙抹灰面其高度需另加 100mm；

2——轴两侧墙面。

②轴：$(4.2 + 0.1 - 0.1 + 5.1 - 0.1 - 0.1 + 0.2) \times (4.5 - 0.8 + 0.1) \times 2 m^2 = 70.68 m^2$

【注释】 4.2——Ｅ/1与Ｆ轴之间的距离；

第一个0.1——外墙内侧与轴线的距离；

第二个0.1——墙厚的一半；

5.1——Ｄ/1与Ｅ轴之间的距离；

第三、四个0.1——墙厚的一半；

0.2——柱横截面伸进走廊的侧边宽度；

4.5——层高；

0.8——墙裙高度；

第五个0.1——按照计算规则，内墙抹灰面其高度需另加100mm；

2——轴两侧墙面。

②/1轴：$(4.2 + 0.1 - 0.1) \times (4.5 - 0.8 + 0.1) \times 2 m^2 = 31.92 m^2$

【注释】 4.2——Ｅ/1与Ｆ轴之间的距离；

第一个0.1——外墙内侧与轴线的距离；

第二个0.1——墙厚的一半；

0.8——墙裙高度；

第三个0.1——按照计算规则，内墙抹灰面其高度需另加100mm；

2——轴两侧墙面。

③轴：$[(4.2 + 0.1 - 0.1) + (5.1 - 0.2 + 0.2) \times 2] \times (4.5 - 0.8 + 0.1) m^2 = 54.72 m^2$

【注释】 4.2——Ｅ/1与Ｆ轴之间的距离；

第一个0.1——外墙内侧与轴线的距离；

第二个0.1——墙厚的一半；

5.1——Ｄ/1与Ｅ轴之间的距离；

0.2——墙厚；

第二个0.2——柱横截面伸进走廊的侧边宽度；

4.5——层高；

0.8——墙裙高度；

第三个0.1——按照计算规则，内墙抹灰面其高度需另加100mm。

④轴：$[(4.2 + 0.1 - 0.1) + (5.1 - 0.2 + 0.2) \times 2] \times (4.5 - 0.8 + 0.1) m^2 = 54.72 m^2$

【注释】 4.2——Ｅ/1与Ｆ轴之间的距离；

第一个0.1——外墙内侧与轴线的距离；

第二个0.1——墙厚的一半；

5.1——Ｄ/1与Ｅ轴之间的距离；

0.2——墙厚；

第二个0.2——柱横截面伸进走廊的侧边宽度；

4.5——层高；

0.8——墙裙高度；

第三个0.1——按照计算规则，内墙抹灰面其高度需另加100mm。

④/l 轴：$(4.2+0.1-0.1)\times(4.5-0.8+0.1)\times2\text{m}^2=31.92\text{m}^2$

【注释】 4.2——Ê/l 与 Ê 轴之间的距离；

第一个 0.1——外墙内侧与轴线的距离；

第二个 0.1——墙厚的一半；

0.8——墙裙高度；

第三个 0.1——按照计算规则，内墙抹灰面其高度需另加 100mm；

2——轴两侧墙面。

⑤轴：$(4.2+0.1-0.1+5.1-0.1-0.1+0.2)\times(4.5-0.8+0.1)\times2\text{m}^2=70.68\text{m}^2$

【注释】 4.2——Ê/l 与 Ê 轴之间的距离；

第一个 0.1——外墙内侧与轴线的距离；

第二个 0.1——墙厚的一半；

5.1——Ô/l 与 Ê 轴之间的距离；

第三、四个 0.1——墙厚的一半；

0.2——柱横截面伸进走廊的侧边宽度；

4.5——层高；

0.8——墙裙高度；

第五个 0.1——按照计算规则，内墙抹灰面其高度需另加 100mm；

2——轴两侧墙面。

⑤/l 轴：$(4.2+0.1-0.1)\times(4.5-0.8+0.1)\times2\text{m}^2=31.92\text{m}^2$

【注释】 4.2——Ê/l 与 Ê 轴之间的距离；

第一个 0.1——外墙内侧与轴线的距离；

第二个 0.1——墙厚的一半；

4.5——层高；

0.8——墙裙高度；

第三个 0.1——按照计算规则，内墙抹灰面其高度需另加 100mm；

2——轴两侧墙面。

⑥轴：$[(35.1+0.1-0.2\times2+0.4\times8)\times(4.5-0.1-0.8+0.1)-1.8\times3.0\times3-1.5\times1.8]\text{m}^2=121.7\text{m}^2$

【注释】 35.1——Ⓐ 轴与 Ê 轴之间的距离；

0.1——外墙内侧与轴线的距离；

0.2——内墙厚；

0.4——柱子侧面伸出墙面的宽度；

8——共有 8 个柱侧面；

4.5——层高；

第二个 0.1——楼面板厚度；

0.8——墙裙高度；

第三个 0.1——按照计算规则，内墙抹灰面其高度需另加 100mm；

1.8——C1 的高度；

3——C1 的宽度；

3——在⑥轴上共有 3 个 C1；

　　1.5——C2 的宽度;

　　1.8——C2 的高度。

Ⓐ轴:$[(39+0.1\times2+0.4\times8)\times(4.5-0.8+0.1)-1.8\times3\times10]m^2=107.12m^2$

【注释】 39——①轴与⑥轴之间的距离;

　　　　0.1——外墙内侧与轴线的距离;

　　　　0.4——柱子侧面伸出墙面的宽度;

　　　　8——共有8个侧面;

　　　　4.5——层高;

　　　　0.8——墙裙高度;

　　　　第二个0.1——按照计算规则,内墙抹灰面其高度需另加100mm;

　　　　1.8——C1 的高度;

　　　　3——C1 的宽度;

　　　　10——该轴上 C1 的个数。

Ⓓ轴:$(0.6\times8+0.4\times4)\times(4.5-0.8+0.1)m^2=24.32m^2$

【注释】 0.6——柱截面的边长;

　　　　8——该轴上柱侧面宽度为0.6m的个数;

　　　　0.4——柱子侧面伸出墙面的宽度;

　　　　4——柱子侧面伸出墙面的宽度为0.4m的侧面的个数;

　　　　4.5——层高;

　　　　0.8——墙裙高度;

　　　　0.1——按照计算规则,内墙抹灰面其高度需另加100mm。

Ⓓ/Ⓘ轴:$\{[(39+0.1\times2)\times2-0.2\times4]\times(4.5-0.8+0.1)-1.8\times3\times5\times2-0.9\times2.1\times5\times$

　　$2\}m^2=221.98m^2$

【注释】 39——①轴与⑥轴之间的距离;

　　　　0.1——外墙内侧与轴线的距离;

　　　　2——①轴和⑥轴所对应的两面墙;

　　　　第二个2——墙的两侧;

　　　　0.2——内墙墙厚;

　　　　4——共有四面内墙与该轴相交;

　　　　4.5——层高;

　　　　0.8——墙裙高度;

　　　　第二个0.1——按照计算规则,内墙抹灰面其高度需另加100mm;

　　　　1.8——C1 的高度;

　　　　3——C1 的宽度;

　　　　5——该轴上 C1 的个数;

　　　　0.9——门 M3 的宽度;

　　　　2.1——门 M3 的宽度;

　　　　第二个5——该轴上门 M3 的个数。

Ⓔ轴:$\{[(39+0.1\times2)\times2-0.2\times4]\times(4.5-0.8+0.1)-0.9\times2.1\times5\times2\}m^2=275.98m^2$

【注释】 39——①轴与⑥轴之间距离;

0.1——外墙内侧与轴线的距离；

2——①轴和⑥轴所对应的两面墙；

第二个2——墙的两侧；

0.2——内墙墙厚；

4——共有四面内墙与该轴相交；

4.5——层高；

0.8——墙裙高度；

第二个0.1—— 按照计算规则,内墙抹灰面其高度需另加100mm；

0.9——门M3的宽度；

2.1——门M3的宽度；

5——该轴上门M3的个数。

ⓔ/ⓓ轴：$\{[(39+0.1\times2-2)\times2-0.2\times7]\times(4.5-0.8+0.1)-0.9\times2.1\times8\times2\}m^2$

$=247.16m^2$

【注释】 39——①轴与⑥轴之间的距离；

0.1——外墙内侧与轴线的距离；

2——①轴和⑥轴所对应的两面墙；

第二个2——楼梯出口宽度；

第三个2——墙的两侧；

0.2——内墙墙厚；

7——共有7面内墙与该轴相交；

4.5——层高；

0.8——墙裙高度；

第二个0.1—— 按照计算规则,内墙抹灰面其高度需另加100mm；

0.9——门M3的宽度；

2.1——门M3的宽度；

8——该轴上门M3的个数。

ⓕ轴：$\{[(39+0.1\times2-0.2\times8]\times(4.5-0.8+0.1)-1.5\times1.8\times9\}m^2=118.58m^2$

【注释】 39——①轴与⑥轴之间的距离；

0.1——外墙内侧与轴线的距离；

2——①轴和⑥轴所对应的两面墙；

0.2——内墙厚度；

8——共有8面内墙与该轴相交；

4.5——层高；

0.8——墙裙高度；

第二个0.1—— 按照计算规则,内墙抹灰面其高度需另加100mm；

1.8——C2的高度；

1.5——C2的宽度；

9——该轴上C2的个数。

$\sum=1\,617.02m^2$

首层和二层室内抹灰总工程量 $=(1\,795.83+1\,617.02)m^2=3\,412.85m^2$

2) 室内墙裙面积

(1) 首层。

a. 油漆墙裙。

①轴：$(35.1 + 0.1 \times 2 - 0.2 \times 2 - 0.6 - 5.2) \times 0.8 \text{m}^2 = 23.28 \text{m}^2$

【注释】　35.1——Ⓐ轴与Ⓕ轴之间的距离；

　　　　　0.1——外墙内侧与轴线的距离；

　　　　　0.2——内墙厚；

　　　　　0.6——柱子截面边长；

　　　　　5.2——门 M1 的宽度；

　　　　　0.8——墙裙的高度。

Ⓔ/Ⓕ轴：$(4.2 + 0.1 - 0.1) \times 0.8 \times 2 \text{m}^2 = 6.72 \text{m}^2$

【注释】　4.2——Ⓔ/Ⓕ轴与Ⓔ轴之间的距离；

　　　　　0.1—— 外墙内侧与轴线的距离；

　　　　　第二个 0.1——墙厚的一半；

　　　　　0.8——墙裙的高度；

　　　　　2——墙的两侧。

②轴：$[4.2 + 0.1 - 0.1 + (5.1 - 0.2 + 0.2) \times 2] \times 0.8 \text{m}^2 = 11.52 \text{m}^2$

【注释】　4.2——Ⓔ/Ⓕ轴与Ⓔ轴之间的距离；

　　　　　0.1—— 外墙内侧与轴线的距离；

　　　　　第二个 0.1——墙厚的一半；

　　　　　5.1——Ⓓ/Ⓔ轴与Ⓔ轴之间的距离；

　　　　　0.2——墙厚；

　　　　　第二个 0.2——柱子侧壁深入走廊的长度；

　　　　　2——墙的两侧；

　　　　　0.8——墙裙的高度。

③轴：$[4.2 + 0.1 + 0.1 + (5.1 - 0.2 + 0.2) \times 2] \times 0.8 \text{m}^2 = 11.68 \text{m}^2$

【注释】　4.2——Ⓔ/Ⓕ轴与Ⓔ轴之间的距离；

　　　　　0.1 ——外墙内侧与轴线的距离；

　　　　　第二个 0.1 ——墙厚的一半；

　　　　　5.1——Ⓓ/Ⓔ轴与Ⓔ轴之间的距离；

　　　　　0.2——墙厚；

　　　　　第二个 0.2——柱子侧壁深入走廊的长度；

　　　　　2——墙的两侧；

　　　　　0.8——墙裙的高度。

④轴：$[(4.2 + 0.1 - 0.1) \times 2 + 0.2 + (5.1 - 0.2 + 0.2) \times 2] \times 0.8 \text{m}^2 = 15.04 \text{m}^2$

【注释】　4.2——Ⓔ/Ⓕ轴与Ⓔ轴之间的距离；

　　　　　0.1 ——外墙内侧与轴线的距离；

　　　　　第二个 0.1 ——墙厚的一半；

　　　　　2——墙的两侧；

　　　　　0.2——墙厚；

　　5.1——⑩轴与Ⓔ轴之间的距离;

　　第二个0.2——墙厚;

　　第三个0.2——柱子侧壁深入走廊的长度;

　　0.8——墙裙的高度。

④/Ⅰ轴:$(4.2+0.1-0.1)\times2\times0.8m^2=6.72m^2$

【注释】　4.2——Ⓕ/Ⅰ轴与Ⓔ轴之间的距离;

　　　　　0.1——外墙内侧与轴线的距离;

　　　　　第二个0.1——墙厚的一半;

　　　　　2——墙的两侧;

　　　　　0.8——墙裙的高度。

⑤轴:$(4.2+0.1-0.1+5.1-0.2+0.2)\times2\times0.8m^2=14.88m^2$

【注释】　4.2——Ⓕ/Ⅰ轴与Ⓔ轴之间的距离;

　　　　　0.1——外墙内侧与轴线的距离;

　　　　　第二个0.1——墙厚的一半;

　　　　　5.1——⑩/Ⅰ轴与Ⓔ轴之间的距离;

　　　　　0.2——墙厚;

　　　　　第二个0.2——柱子侧壁深入走廊的长度;

　　　　　2——墙的两侧;

　　　　　0.8——墙裙的高度。

⑤/Ⅰ轴:$(4.2+0.1-0.1)\times2\times0.8m^2=6.72m^2$

【注释】　4.2——Ⓕ/Ⅰ轴与Ⓔ轴之间的距离;

　　　　　0.1——外墙内侧与轴线的距离;

　　　　　第二个0.1——墙厚的一半;

　　　　　2——墙的两侧;

　　　　　0.8——墙裙的高度。

⑥轴:$(35.1+0.1\times2-0.2\times2-0.6-5.2)\times0.8m^2=23.28m^2$

【注释】　35.1——Ⓐ轴与Ⓕ轴之间的距离;

　　　　　0.1——外墙内侧与轴线的距离;

　　　　　0.2——内墙厚;

　　　　　0.6——柱子截面边长;

　　　　　5.2——门 M1 的宽度;

　　　　　0.8——墙裙的高度。

Ⓐ轴:$(39+0.1\times2+0.4\times8-5.2)\times0.8m^2=29.76m^2$

【注释】　39——①轴与⑥轴之间的距离;

　　　　　0.1——外墙内侧与轴线的距离;

　　　　　0.4——柱子侧面伸出墙面的宽度;

　　　　　8——柱子侧面伸出墙面的个数;

　　　　　5.2——门宽;

　　　　　0.8——墙裙的高度。

Ⓑ轴:$(0.6\times4\times4)\times0.8m^2=7.68m^2$

【注释】 0.6——柱截面的宽度；

4——柱子共有四个面；

4——共有四根柱子；

0.8——墙裙的高度。

ⓒ轴:$(0.6 \times 4 \times 4) \times 0.8 m^2 = 7.68 m^2$

【注释】 0.6——柱截面的宽度；

4——柱子共有四个面；

4——共有四根柱子；

0.8—— 墙裙的高度。

ⓓ轴:$(39 + 0.1 \times 2) \times 2 \times 0.8 m^2 = 62.72 m^2$

【注释】 39——①轴到⑥轴之间的距离；

0.1——外墙内侧与轴线的距离；

0.65—— 墙裙的高度。

Ⓓ/轴:$[(39 + 0.1 \times 2 - 0.9 \times 5) \times 2 - 0.2 \times 4] \times 0.8 m^2 = 54.88 m^2$

【注释】 39——①轴与⑥轴之间的距离；

0.1——外墙内侧与轴线的距离；

2——①轴和⑥轴所对应的两面墙；

第二个2——墙的两侧；

0.9——门 M3 的宽度；

5——门 M3 的个数；

第二个2——墙的两侧；

0.2——墙厚；

4——内墙与该轴相交的个数；

0.8——墙裙的高度。

Ⓔ轴:$[(39 + 0.1 \times 2 - 0.9 \times 5) \times 2 - 0.2 \times 4] \times 0.8 m^2 = 54.88 m^2$

【注释】 39——①轴与⑥轴之间的距离；

0.1——外墙内侧与轴线的距离；

2——①轴和⑥轴所对应的两面墙；

第二个2——墙的两侧；

0.9——门 M3 的宽度；

5——门 M3 的个数；

第二个2——墙的两侧；

0.2——墙厚；

4——内墙与该轴相交的个数；

0.8——墙裙的高度。

Ⓔ/轴:$[(39 + 0.1 \times 2 - 3.9 \times 2 - 0.2 \times 6 - 7.8 + 0.2 - 0.9 \times 8) \times 2 + 3.9 \times 2 + 0.2] \times 0.8 m^2$
$= 31.04 m^2$

【注释】 39——①轴与⑥轴之间的距离；

0.1——外墙内侧与轴线的距离；

2——①轴和⑥轴所对应的两面墙；

3.9——横向轴距；

0.2——墙厚；

6——内墙与该轴相交的个数；

7.8——③轴和④轴之间的距离；

0.9——门 M3 的宽度；

8——门 M3 的个数；

0.8——墙裙的高度。

Ⓕ轴：$(39 + 0.1 \times 2 - 1.8 - 3.9 \times 2 - 0.2 \times 6) \times 0.8 m^2 = 22.72 m^2$

【注释】 39——①轴与⑥轴之间的距离；

0.1——外墙内侧与轴线的距离；

2——①轴和⑥轴所对应的两面墙；

1.8——门 M2 的宽度；

3.9——②轴与㉑轴或㉑轴与③轴之间的距离；

0.2——墙厚；

6——内墙与该轴相交的个数；

0.8——墙裙的高度。

$\sum = 391.2 m^2$

b. 瓷砖墙裙。

厕所：$[(4.2 + 0.1 - 0.1) \times 4 + (3.9 - 0.2) \times 4 - 0.9 \times 2] \times 0.8 m^2 = 23.84 m^2$

(2) 二层。

a. 油漆墙裙。

①轴：$(35.1 + 0.1 \times 2 - 0.2 \times 2 - 0.6) \times 0.8 m^2 = 27.44 m^2$

【注释】 35.1——Ⓐ轴与Ⓕ轴之间的距离；

0.1——外墙内侧与轴线的距离；

0.2——内墙厚；

0.6——柱子截面边长；

0.8——墙裙的高度。

Ⓥ⒤轴：$(4.2 + 0.1 - 0.1) \times 0.8 \times 2 m^2 = 6.72 m^2$

【注释】 4.2——Ⓔ⒤轴与Ⓔ轴之间的距离；

0.1—— 外墙内侧与轴线的距离；

第二个 0.1——墙厚的一半；

0.8——墙裙的高度；

2——墙的两侧。

②轴：$[4.2 + 0.1 - 0.1 + (5.1 - 0.2 + 0.2) \times 2] \times 0.8 m^2 = 11.52 m^2$

【注释】 4.2——Ⓔ⒤轴与Ⓔ轴之间的距离；

0.1 ——外墙内侧与轴线的距离；

第二个 0.1 ——墙厚的一半；

5.1——Ⓓ⒤轴与Ⓔ轴之间的距离；

0.2——墙厚；

第二个 0.2——柱子侧壁深入走廊的长度；

2——墙的两侧；

0.8——墙裙的高度。

③轴：$[4.2+0.1+0.1+(5.1-0.2+0.2)\times2]\times0.8m^2=11.68m^2$

【注释】　4.2——Ⓔⁱ轴与Ⓔ轴之间的距离；

0.1——外墙内侧与轴线的距离；

第二个0.1——墙厚的一半；

5.1——Ⓓⁱ轴与Ⓔ轴之间的距离；

0.2——墙厚；

第二个0.2——柱子侧壁深入走廊的长度；

2——墙的两侧；

0.8——墙裙的高度。

④轴：$[(4.2+0.1-0.1)\times2+0.2+(5.1-0.2+0.2)\times2]\times0.8m^2=15.04m^2$

【注释】　4.2——Ⓔⁱ轴与Ⓔ轴之间的距离；

第一个0.1——外墙内侧与轴线的距离；

第二个0.1——墙厚的一半；

2——墙的两侧；

第一个0.2——墙厚；

5.1——Ⓓⁱ轴与Ⓔ轴之间的距离；

第二个0.2——墙厚；

第三个0.2——柱子侧壁深入走廊的长度；

0.8——墙裙的高度。

④ⁱ轴：$(4.2+0.1-0.1)\times2\times0.8m^2=6.72m^2$

【注释】　4.2——Ⓔⁱ轴与Ⓔ轴之间的距离；

第一个0.1——外墙内侧与轴线的距离；

第二个0.1——墙厚的一半；

2——墙的两侧；

0.8——墙裙的高度。

⑤轴：$(4.2+0.1-0.1+5.1-0.2+0.2)\times2\times0.8m^2=14.88m^2$

【注释】　4.2——Ⓔⁱ轴与Ⓔ轴之间的距离；

第一个0.1——外墙内侧与轴线的距离；

第二个0.1——墙厚的一半；

5.1——Ⓓⁱ轴与Ⓔ轴之间的距离；

第一个0.2——墙厚；

第二个0.2——柱子侧壁深入走廊的长度；

2——墙的两侧；

0.8——墙裙的高度。

⑤ⁱ轴：$(4.2+0.1-0.1)\times2\times0.8m^2=6.72m^2$

【注释】　4.2——Ⓔⁱ轴与Ⓔ轴之间的距离；

第一个0.1——外墙内侧与轴线的距离；

第二个0.1——墙厚的一半；

2——墙的两侧；

0.8——墙裙的高度。

Ⓕ轴：$(35.1 + 0.1 \times 2 - 0.2 \times 2 - 0.6) \times 0.8 \text{m}^2 = 27.44 \text{m}^2$

【注释】 35.1——Ⓐ轴与Ⓕ轴之间的距离；

0.1——外墙内侧与轴线的距离；

0.2——内墙厚；

0.6——柱子截面边长；

0.8——墙裙的高度。

Ⓐ轴：$(39 + 0.1 \times 2 + 0.4 \times 8 - 5.2) \times 0.8 \text{m}^2 = 29.76 \text{m}^2$

【注释】 39——①轴与⑥轴之间距离；

0.1——外墙内侧与轴线的距离；

0.4——柱子侧面伸出墙面的宽度；

8——柱子侧面伸出墙面的个数；

5.2——门宽；

0.8——墙裙的高度。

Ⓑ轴：$(0.6 \times 4 \times 4) \times 0.8 \text{m}^2 = 7.68 \text{m}^2$

【注释】 0.6——柱截面的宽度；

4——柱子共有四个面；

4——共有四根柱子；

0.8——墙裙的高度。

Ⓒ轴：$(0.6 \times 4 \times 4) \times 0.8 \text{m}^2 = 7.68 \text{m}^2$

【注释】 0.6——柱截面的宽度；

4——柱子共有四个面；

4——共有四根柱子；

0.8——墙裙的高度。

Ⓓ轴：$(39 + 0.1 \times 2) \times 2 \times 0.8 \text{m}^2 = 62.72 \text{m}^2$

【注释】 39——①轴与⑥轴之间的距离；

0.1——外墙内侧与轴线的距离；

0.8——墙裙的高度。

Ⓓ/轴：$[(39 + 0.1 \times 2 - 0.9 \times 5) \times 2 - 0.2 \times 4] \times 0.8 \text{m}^2 = 54.88 \text{m}^2$

【注释】 39——①轴与⑥轴之间的距离；

0.1——外墙内侧与轴线的距离；

第一个2——①轴和⑥轴所对应的两面墙；

第二个2——墙的两侧；

0.9——门 M3 的宽度；

5——门 M3 的个数；

第二个2——墙的两侧；

0.2——墙厚；

4——内墙与该轴相交的个数；

0.8——墙裙的高度。

Ⓔ轴:$[(39+0.1\times2-0.9\times5)\times2-0.2\times4]\times0.8m^2=54.88m^2$

【注释】　39——①轴与⑥轴之间的距离；

　　　　0.1——外墙内侧与轴线的距离；

　　　　第一个2——①轴和⑥轴所对应的两面墙；

　　　　第二个2——墙的两侧；

　　　　0.9——门 M3 的宽度；

　　　　5——门 M3 的个数；

　　　　第二个2——墙的两侧；

　　　　0.2——墙厚；

　　　　4——内墙与该轴相交的个数；

　　　　0.8——墙裙的高度。

Ⓔ⑩轴:$[(39+0.1\times2-3.9\times2-0.2\times6-2-0.9\times8)\times2+3.9\times2+0.2\times7]\times0.8m^2$
　　$=40.96m^2$

【注释】　39——①轴与⑥轴之间的距离；

　　　　0.1——外墙内侧与轴线的距离；

　　　　第一个2——①轴和⑥轴所对应的两面墙；

　　　　3.9——横向轴距；

　　　　0.2——墙厚；

　　　　6——内墙与该轴相交的个数；

　　　　第三个2——员工楼梯出口的宽度；

　　　　0.9——门 M3 的宽度；

　　　　8——门 M3 的个数；

　　　　7——内墙与该轴相交的个数；

　　　　0.8——墙裙的高度。

Ⓕ轴:$(39+0.1\times2-3.9\times2-0.2\times6)\times0.8m^2=24.16m^2$

【注释】　39——①轴与⑥轴之间的距离；

　　　　0.1——外墙内侧与轴线的距离；

　　　　2——①轴和⑥轴所对应的两面墙；

　　　　3.9——②轴与②⑩轴或②⑩轴与③轴之间的距离；

　　　　0.2——墙厚；

　　　　6——内墙与该轴相交的个数；

　　　　0.8——墙裙的高度。

$\sum=410.88m^2$

b. 瓷砖墙裙。

厕所:$[(4.2+0.1-0.1)\times4+(3.9-0.2)\times4-0.9\times2]\times0.8m^2=23.84m^2$

首层和二层油漆墙裙面积$=(391.2+410.88)m^2=802.08m^2$

首层和二层瓷砖墙裙面积$=(23.84+23.84)m^2=47.68m^2$

3）外墙浅色水刷石面积

正立面两层门窗面积$=(1.8\times3.0\times18+5.2\times3.41)m^2=114.932m^2$

【注释】　1.8——C1 的高度；

　　　　　3.0——C1 的宽度；

　　　　　18——正立面上 C1 的个数；

　　　　　5.2——M1 的宽度；

　　　　　3.41——M1 的高度。

左立面两层门窗面积 $= (1.5 \times 1.8 \times 2 + 1.8 \times 3.0 \times 5 + 5.2 \times 3.41) \mathrm{m}^2 = 50.132\mathrm{m}^2$

【注释】　1.8——C2 的高度；

　　　　　1.5——C2 的宽度；

　　　　　2——左立面上 C2 的个数；

　　　　　1.8——C1 的高度；

　　　　　3.0——C1 的宽度；

　　　　　5——左立面上 C1 的个数；

　　　　　5.2——M1 的宽度；

　　　　　3.41——M1 的高度。

右立面两层门窗面积 $= (1.5 \times 1.8 \times 2 + 1.8 \times 3.0 \times 5 + 5.2 \times 3.41) \mathrm{m}^2 = 50.132\mathrm{m}^2$

【注释】　1.8——C2 的高度；

　　　　　1.5——C2 的宽度；

　　　　　2——左立面上 C2 的个数；

　　　　　1.8——C1 的高度；

　　　　　3.0——C1 的宽度；

　　　　　5——左立面上 C1 的个数；

　　　　　5.2——M1 的宽度；

　　　　　3.41——M1 的高度。

外墙浅色水刷石面积：

$$S = \{[39 + 0.6 + (35.1 + 0.6) \times 2] \times 9.6 - 114.932 - 50.132 - 50.132\} \mathrm{m}^2$$
$$= 850.40\mathrm{m}^2$$

【注释】　39——①轴与⑥轴之间的距离；

　　　　　0.6——柱截面的边长；

　　　　　35.1——Ⓐ轴与Ⓕ轴之间的距离；

　　　　　2——左右两个立面；

　　　　　9.6——水刷石沿墙面的高度；

　　　　　114.932——为正立面门窗面积；

　　　　　50.132——为左立面门窗面积；

　　　　　第二个 50.132——为右立面门窗面积。

4）外墙抹灰面积

背立面两层门窗面积 $= (1.5 \times 1.8 \times 18 + 1.8 \times 2.3) \mathrm{m}^2 = 52.74\mathrm{m}^2$

【注释】　1.5——C2 的宽度；

　　　　　第一个 1.8——C2 的高度；

　　　　　18——背立面上 C1 的个数；

　　　　　第二个 1.8——M2 的宽度；

2.3——M2 的高度。

外墙抹灰面积:$S = [(39 + 0.6) \times 9.6 - 52.74]m^2 = 327.42m^2$

【注释】　39——①轴与⑥轴之间的距离；

　　　　　0.6——柱子截面边长；

　　　　　9.6——抹灰沿墙面的高度；

　　　　　52.74——为背立面门窗面积。

5)花岗岩外墙裙面积

$$S = [(39 + 0.6 + 35.1 + 0.6) \times 2 - 5.2 \times 3 - 1.8] \times 0.45m^2 = 59.94m^2$$

【注释】　39——①轴与⑥轴之间的距离；

　　　　　0.6——柱子截面边长；

　　　　　35.1——Ⓐ轴与Ⓕ轴之间的距离；

　　　　　5.2——M1 的宽度；

　　　　　3——M1 的个数；

　　　　　1.8——M2 的宽度；

　　　　　0.45——外墙裙的高度。

3. 天棚工程

天棚抹灰工程量计算按以下规定:天棚抹灰面积按设计图示尺寸以水平投影面积计算。不扣除间壁墙、垛、柱、附墙烟囱、检查口和管道所占的面积。带梁天棚、梁两侧抹灰面积并入天棚天棚抹灰工程梁内计算,板式楼梯底面抹灰按斜面积计算,锯齿形楼梯底板抹灰按展开面积计算。

天棚吊顶工程量 = 主墙间净长度×主墙间净宽度 - 独立柱及相连窗帘盒所占的面积

板底采用不上人型装配式 U 型轻钢龙骨,间距400mm×400mm,龙骨上铺钉中密度板,面层黏贴6mm 厚铝塑板。

天棚工程量:

1)首层

Ⓐ轴 – Ⓜ轴:$[(39 + 0.1 \times 2) \times (7.2 \times 3 + 2.1 + 0.1 - 0.1) - (7.2 + 0.1) \times (7.8 + 0.2) - (0.6 \times 0.6) \times 8]m^2 = 867.76m^2$

【注释】　39——①轴与⑥轴之间的距离；

　　　　　第一个 0.1——①轴和⑥轴所对应的墙偏离轴线的距离；

　　　　　2——①轴和⑥轴所对应的两面墙；

　　　　　7.2——Ⓐ轴与Ⓑ轴、Ⓑ轴与Ⓒ轴、Ⓒ轴与Ⓓ轴之间的距离；

　　　　　3——三个纵向轴距；

　　　　　2.1——Ⓓ轴与Ⓜ轴之间的距离；

　　　　　第二个 0.1——Ⓐ轴偏离轴线的距离；

　　　　　第三个 0.1——墙厚的一半；

　　　　　第二个 7.2——Ⓑ轴与Ⓒ轴之间的距离；

　　　　　7.8——③轴与④轴之间的距离；

　　　　　0.2——墙厚；

　　　　　0.6——独立柱的边长；

8——独立柱的个数。

Ⓓ轴 – Ⓔ轴：$[(7.8 + 0.1 - 0.1) \times (5.1 - 0.2) \times 2 + (7.8 - 0.2) \times (5.1 - 0.2) \times 3]\,m^2$
$= 188.16m^2$

【注释】 7.8——纵向轴距；

第一个0.1——①轴和⑥轴所对应的墙偏离轴线的距离；

第二个0.1——墙厚的一半；

5.1——Ⓓ轴与Ⓔ轴之间的距离；

0.2——墙厚；

2——该区域两侧的两个厨房；

3——该区域中间的三个厨房。

Ⓔ轴 – Ⓓ轴：$(39 + 0.1 \times 2) \times (2.1 - 0.2)\,m^2 = 74.48m^2$

【注释】 39——①轴与⑥轴之间的距离；

0.1——①轴和⑥轴所对应的墙偏离轴线的距离；

2——①轴和⑥轴所对应的两面墙；

2.1——Ⓔ轴与Ⓓ轴之间的距离；

0.2——墙厚。

Ⓓ轴 – Ⓕ轴：$[(4.2 + 0.1 - 0.1) \times (3.9 + 0.1 - 0.1) \times 2 + (4.2 + 0.1 - 0.1) \times (3.9 - 0.2) \times 6]\,m^2 = 126m^2$

【注释】 4.2——Ⓓ轴与Ⓕ轴之间的距离；

第一个0.1——外墙偏移Ⓐ轴0.1m；

第二个0.1——墙厚的一半；

3.9——①轴与②轴之间的距离；

第三个0.1——①轴和⑥轴所对应的墙偏离轴线的距离；

第四个0.1——墙厚的一半；

2——该区域两侧的两个房间；

6——该区域中间的六个房间。

$\Sigma = 1\ 256.4m^2$

2）二层

Ⓐ轴 – Ⓓ轴：$[(39 + 0.1 \times 2) \times (7.2 \times 3 + 2.1 + 0.1 - 0.1) - (0.6 \times 0.6) \times 12]\,m^2 = 924.72m^2$

【注释】 39——①轴与⑥轴之间的距离；

第一个0.1——①轴和⑥轴所对应的墙偏离轴线的距离；

2——①轴和⑥轴所对应的两面墙；

7.2——Ⓐ轴与Ⓑ轴、Ⓑ轴与Ⓒ轴、Ⓒ轴与Ⓓ轴之间的距离；

3——三个纵向轴距；

2.1——Ⓓ轴与Ⓓ轴之间的距离；

第二个0.1——Ⓐ轴偏离轴线的距离；

第三个0.1——墙厚的一半；

0.6——独立柱的边长；

12——独立柱的个数。

$\text{⑩轴}-\text{⑥轴}:[(7.8+0.1-0.1)\times(5.1-0.2)\times2+(7.8-0.2)\times(5.1-0.2)\times3]\text{m}^2$
$=188.16\text{m}^2$

【注释】　7.8——纵向轴距；

0.1——①轴和⑥轴所对应的墙偏离轴线的距离；

第二个0.1——墙后的一半；

5.1——⑩轴与⑥轴之间的距离；

0.2——墙厚；

2——该区域两侧的两个厨房；

3——该区域中间的三个厨房。

$\text{⑥轴}-\text{⑩轴}:(39+0.1\times2)\times(2.1-0.2)\text{m}^2=74.48\text{m}^2$

【注释】　39——①轴与⑥轴之间的距离；

0.1——①轴和⑥轴所对应的墙偏离轴线的距离；

2——①轴和⑥轴所对应的两面墙；

2.1——⑥轴与⑩轴之间的距离；

0.2——墙厚。

$\text{⑩轴}-\text{⑥轴}:[(4.2+0.1-0.1)\times(3.9+0.1-0.1)\times2+(4.2+0.1-0.1)\times(3.9-0.2)\times6+(4.2+0.1-0.1)\times(7.8-0.2)]\text{m}^2=157.92\text{m}^2$

【注释】　4.2——⑩轴与⑥轴之间的距离；

第一个0.1——外墙偏移Ⓐ轴0.1；

第二个0.1——墙厚的一半；

3.9——①轴与②轴之间的距离；

第三个0.1——①轴和⑥轴所对应的墙偏离轴线的距离；

第四个0.1——墙厚的一半；

2——该区域两侧的两个房间；

6——该区域中间的六个房间；

7.8——③轴与④轴之间的距离；

0.2——墙厚。

$$\sum=1\,345.28\text{m}^2$$

首层和二层天棚总工程量 $=(1\,256.4+1\,345.28)\text{m}^2=2\,601.68\text{m}^2$

4.门窗工程

门窗工程如表2-1所示。

表2-1　门窗工程

类型	设计编号	洞口尺寸(mm)	数量		
			1层	2层	合　计
门	M1	5 200×3 410	3		3
	M3	900×2 100	18	18	36
子母门	M2	1 800×2 300	1		1
窗		1 700×3 410	6		6
	C1	3 000×1 800	17	21	38
	C2	1 500×1 800	11	11	22

1)钢窗工程量

清单工程量计算规则是按设计图示数量或设计图示洞口尺寸以面积计算。

C1 工程量 $= 3.0 \times 1.8 \times 38 m^2 = 205.2 m^2$

【注释】 3.0——C1 宽度；

1.8——C1 高度；

38——C1 个数。

C2 工程量 $= 1.5 \times 1.8 \times 22 m^2 = 59.40 m^2$

【注释】 1.5——C2 宽度；

1.8——C2 高度；

22——C2 个数。

2)门工程量

清单工程量计算规则是按设计图示数量或设计图示洞口尺寸以面积计算。

M1 工程量 $= 5.2 \times 3.41 \times 3 m^2 = 53.20 m^2$

【注释】 5.2——M1 宽度；

3.41——M1 高度；

3——M1 个数。

M2 工程量 $= 1.8 \times 2.3 m^2 = 4.14 m^2$

【注释】 1.8——M2 宽度；

2.3——M2 高度。

M3 工程量 $= 0.9 \times 2.1 \times 36 m^2 = 68.04 m^2$

【注释】 0.9——M3 宽度；

2.1——M3 高度；

36——M3 个数。

5. 油漆、涂料、裱糊工程

1)钢窗

清单工程量计算规则是按设计图示数量或设计图示单面洞口面积计算。

钢窗刷防锈漆一遍,调和漆两遍

钢窗为一玻一纱双层钢窗,其工程量计算如下:

C1 工程量 $= 205.2 m^2$

【注释】 205.2——所有 C1 所对应洞口的面积。

C2 工程量 $= 59.40 m^2$

【注释】 59.40——所有 C2 所对应洞口的面积。

2)金属门 M1

清单工程量计算规则是按设计图示数量或设计图示单面洞口面积计算。

M1 门框刷防锈漆一遍,调和漆两遍。

M1 工程量 $= 53.20 m^2$

【注释】 53.20——所有 M1 所对应洞口的面积。

3)木门 M2

清单工程量计算规则是按设计图示数量或设计图示单面洞口面积计算。

M2 为单层木门,刷底油一遍,调和漆两遍。

M2 工程量 $= 4.14\text{m}^2$

【注释】　4.14——所有 M2 所对应洞口的面积。

4)木门 M3

清单工程量计算规则是按设计图示数量或设计图示单面洞口面积计算。

M3 为单层木门,刷底油一遍,调和漆两遍。

M3 工程量 $= 68.04\text{m}^2$

【注释】　68.04——所有 M3 所对应洞口的面积。

6. 其他工程

清单工程量计算规则是按设计图示数量计算。

食品陈列柜工程量 = 设计图示数量 = 10 个

清单工程量计算如表 2-2 所示。

表 2-2　清单工程量计算表

序号	项目编码	项目名称	项目特征描述	计算单位	工程量
L　楼地面整体工程					
L.1　整体面层及找平层					
1	011101002001	现浇水磨石楼地面	1:3 水泥砂浆找平,水泥白石子浆 1:2,金刚石 200mm × 75mm × 50mm	m²	158.76
L.2　块料面层					
2	011102003001	块料楼地面	1:3 水泥砂浆找平,浅黄色同质地砖 600mm × 600mm	m²	1 707.04
3	011102003002	块料楼地面	1:3 水泥砂浆找平,防滑地砖 400mm × 400mm	m²	438.48
L.4　其他材料面层					
4	011104004001	防静电活动地板	木质抗静电活动地板	m²	31.08
L.5　踢脚线					
5	011105002001	石材踢脚线	大理石踢脚线,干粉型粘结剂干粘	m²	58.38
6	011105003001	块料踢脚线	瓷砖踢脚线,同质地砖 300mm × 300mm 干粉型黏结剂干黏	m²	62.07
L.6　楼梯装饰					
7	011106005001	现浇水磨石楼梯面层	水泥白石子浆 1:2,水泥砂浆 1:3,金刚石 200mm × 75mm × 50mm	m²	74.99
Q.3　扶手、栏杆、栏板装饰					
8	011503001001	金属扶手、栏杆、栏板	不锈钢管栏杆	m	47.47
L.7　台阶装饰					
9	011107005001	现浇水磨石台阶面	水泥白石子浆 1:2,水泥砂浆 1:3,金刚石 200mm × 75mm × 50mm	m²	33.30
M　墙、柱面装饰与隔断、幕墙工程					
M.1　墙面抹灰					
10	011201001001	墙面一般抹灰	墙面纸筋石灰砂浆	m²	802.08
11	011201001002	墙面一般抹灰	墙面纸筋石灰砂浆	m²	327.42
12	011201001003	墙面一般抹灰	墙面纸筋石灰砂浆	m²	3 412.85

（续表）

序号	项目编码	项目名称	项目特征描述	计算单位	工程量
			M.4 墙面块料面层		
13	011204003001	块料墙面	瓷砖152mm×152mm	m²	47.68
14	011204001001	石材墙面	浅色水刷石外墙面	m²	850.40
15	011204001002	石材墙面	干挂花岗岩外墙裙	m²	59.94
			N 天棚工程		
			N.2 天棚吊顶		
16	011302001001	天棚吊顶	不上人型装配式U型轻钢龙骨,间距400mm×400mm,龙骨上铺钉中密度板,面层黏贴6mm厚铝塑板	m²	2 601.68
			H 门窗工程		
			H.1 木门		
17	010801001001	镶板木门	门框制作,门框安装,门扇制作,门扇安装	m²	4.14
18	010801001002	胶合板门	门框制作,门框安装,门扇制作,门扇安装	m²	68.04
			H.2 金属门		
19	010802001001	金属门	四扇地弹门,铝合金白色型材,浮法白片玻璃	m²	53.20
			H.7 金属窗		
20	010807001001	金属推拉窗	三扇,带亮子,铝合金白色型材,浮法白片玻璃	m²	205.20
21	010807001002	金属推拉窗	两扇,带亮子,铝合金白色型材,浮法白片玻璃	m²	59.40
			P 油漆、涂料、裱糊工程		
			P.1 门油漆		
22	011401002001	金属门油漆	M1,酚醛无光调和漆打底,酚醛清漆	m²	53.20
23	011401001001	木门油漆	M3,酚醛无光调和漆打底,酚醛清漆	m²	68.04
24	011401001002	木门油漆	M2,涂醇酸磁漆	m²	4.14
			P.2 金属窗油漆		
25	011402002001	金属窗油漆	C1,涂醇酸磁漆	m²	205.2
26	011402002002	金属窗油漆	C2,涂醇酸磁漆	m²	59.40
			P.6 抹灰面油漆		
27	011406001001	抹灰面油漆	内墙裙喷涂内墙面乳胶漆	m²	802.08

二、定额工程量（《江苏省建筑与装饰工程计价表》2004年）

人工工日:其中一类工:28元/工日;二类工:26元/工日;三类工:24元/工日。定额换算时,全部换成一类工,即人工工日为28元/工日。

1.楼地面工程

1)学生就餐区

（1）铺浅黄色地砖地面工程量（定额工程量同清单工程量）。

$S = \left[(7.2 \times 3 - 0.3 + 0.1) \times (39 + 0.1 + 0.1) - (7.8 + 0.1 \times 2) \times (7.2 + 0.1) - 0.6 \times 0.6 \times 4 \right] \times 2 \text{m}^2$

$= 1\,558.08\text{m}^2$

(2)大理石踢脚线工程量(按设计图示尺寸以实贴延长米计算,门洞扣除,侧壁另加)。

$L = \big[(7.2 \times 3 - 0.3 \times 2 - 5.2 + 0.4 \times 5) \times 2 + (39 + 0.1 \times 2 - 5.2 + 0.4 \times 10) + (39 + 0.1 \times 2) +$
$(7.2 \times 2 + 7.8 + 0.3 \times 10 + 0.2 \times 6) + (39 \times 2 + 7.2 \times 3 \times 2 + 0.4 \times 8 + 0.1 \times 4 - 0.3 \times 2) \big] \text{m}$

$= 263.4\text{m}$

【注释】　7.2——Ⓐ轴和Ⓑ轴、Ⓑ轴和Ⓒ轴、Ⓒ轴和Ⓓ轴之间的距离;

　　　　　3——柱横截面面积的一半;

　　　　　0.4——外墙内侧与柱边的距离;

　　　　　5.2——入口处门 M1 的宽度;

　　　　　39——①轴与⑥轴之间的距离;

　　　　　7.8——纵向柱距。

2)厨房、卫生间

(1)铺浅棕色防滑地砖工程量(定额工程量同清单工程量)。

$S = \big[(5.1 - 0.1 \times 2) \times (3.9 \times 2 + 0.1 - 0.1) \times 4 + (5.1 - 0.1 \times 2) \times (3.9 \times 2 - 0.1 - 0.1) \times 6 +$
$(4.2 - 0.1 + 0.1) \times (3.9 - 0.1 - 0.1) \times 4 \big] \text{m}^2$

$= 438.48\text{m}^2$

(2)瓷砖踢脚线工程量。

$L = \big\{ \left[(3.9 \times 2 - 0.1 + 0.1) \times 2 + (5.1 - 0.1 \times 2) \times 2 \right] \times 4 + \left[(3.9 \times 2 - 0.1 \times 2) \times 2 +$
$(5.1 - 0.1 \times 2) \times 2 \right] \times 6 \big\} \text{m}$

$= 251.6\text{m}$

【注释】　3.9——纵向柱距;

　　　　　2——每个房间相对的两个墙面;

　　　　　5.1——Ⓓ/轴与Ⓔ轴之间的距离;

　　　　　4——建筑物两端的厨房比中间的稍大,上下层总共四个;

　　　　　6——相同尺寸的厨房上下层总共六个。

3)储物间

(1)水磨石地面工程量(定额工程量同清单工程量)。

$S = \big[(4.2 - 0.1 + 0.1) \times (3.9 + 0.1 - 0.1) \times 4 + (4.2 - 0.1 + 0.1) \times (3.9 - 0.1 \times 2) \times 6 \big] \text{m}^2$

$= 158.76\text{m}^2$

(2)瓷砖踢脚线工程量。

$L = \big\{ \left[(4.2 - 0.1 + 0.1) \times 2 + (3.9 + 0.1 - 0.1) \times 2 \right] \times 4 + \left[(4.2 - 0.1 \times 2) \times 2 + (3.9 - 0.1 \times 2) \times 2 \right] \times 6 \big\} \text{m}$

$= 157.2\text{m}$

4)配电室微机室

(1)防静电活动地板工程量(定额工程量同清单工程量)。

$$S = (4.2 - 0.1 + 0.1) \times (3.9 - 0.1 \times 2) \times 2\text{m}^2 = 31.08\text{m}^2$$

(2)瓷砖踢脚线工程量。

$$L = \left[(4.2 - 0.1 \times 2) \times 2 + (3.9 - 0.1 \times 2) \times 2 \right] \text{m} = 15.4\text{m}$$

【注释】　4.2——Ⓔ/轴和Ⓕ轴之间的距离;

3.9——纵向柱距。

5) 员工通道

(1) 铺浅黄色地砖底面工程量 (定额工程量同清单工程量)。

$$S = [(2.1 - 0.1 \times 2) \times (39 + 0.1 \times 2)] \times 2\,\text{m}^2 = 148.96\,\text{m}^2$$

(2) 大理石踢脚线工程量。

$$L = \{[(39 + 0.1 \times 2) + (2.1 - 0.1 \times 2)] \times 2 - 0.9 \times 13 - 7.8 + 0.2\}\,\text{m} = 62.90\,\text{m}$$

【注释】 2.1——Ⓔ轴与Ⓔⁿ轴之间的距离;

0.1——墙体靠近员工通道侧与轴线的距离;

39——①轴与⑥轴之间的距离;

中括号外的 2——上下两层的员工通道;

0.9——门 M3 的宽度;

7.8——③轴与④轴之间的距离;

0.2——墙厚。

6) 楼梯

根据工程量计算规则,按设计图示尺寸以楼梯(梯井在 200mm 以内者不扣除)水平投影面积计算。楼梯井宽在 200mm 以内者不扣除,超过 200mm 者,应扣除其面积,楼梯间与走廊连接的,应算至楼梯梁的外侧。

楼梯水磨石面层工程量:

$$S = \{[(7.8 - 0.2) \times (4.5 + 2.5 - 0.2) - 0.5 \times 4.5] + [(4.2 + 0.1 - 0.1) \times (4.05 + 1.6 - 0.1)]\}\,\text{m}^2 = (49.43 + 23.31)\,\text{m}^2$$

$$= 72.74\,\text{m}^2$$

【注释】 7.8——③轴与④轴之间的距离;

0.2——墙厚;

4.5——梯段水平投影长度;

0.5——梯井宽度。

7) 扶手、栏杆、栏板装饰 (定额工程量同清单工程量)

(1) 职工入口扶手栏杆。

扶手斜长 $= \sqrt{4.05^2 + 2.25^2}\,\text{m} = 4.63\,\text{m}$

扶手总长度 $= (4.63 \times 2 + 0.1 \times 4 + 0.2 + 2.2)\,\text{m} = 12.06\,\text{m}$

(2) 学生就餐区扶手栏杆。

扶手斜长 $= \sqrt{4.5^2 + 2.25^2}\,\text{m} = 5.03\,\text{m}$

扶手总长度 $= (5.03 \times 2 + 0.1 \times 4 + 0.2 + 0.5 + 3.85 + 6.6 \times 2 + 7.2)\,\text{m} = 35.41\,\text{m}$

8) 台阶 (定额工程量同清单工程量)

台阶水磨石工程量:

$$S = \{[6.4 \times 1.5 - (5.2 - 0.3 \times 2) \times (0.9 - 0.3)] \times 3 + [3 \times 1.5 - (1.8 - 0.3 \times 2) \times (0.9 - 0.3)]\}\,\text{m}^2$$

$$= 24.30\,\text{m}^2$$

平台部分水磨石工程量:

$$S = [(5.2 - 0.3 \times 2) \times (0.9 - 0.3) \times 3 + (1.8 - 0.3 \times 2) \times (0.9 - 0.3)]\,\text{m}^2$$

$= 9.00 \mathrm{m}^2$

9）各项工程工程量统计

（1）整体面层。

水磨石地面工程量 $= 158.76 \mathrm{m}^2$

（2）块料面层。

铺浅黄色地砖工程量 $= (1\ 558.08 + 148.96) \mathrm{m}^2 = 1\ 707.04 \mathrm{m}^2$

铺浅棕色防滑地砖工程量 $= 438.48 \mathrm{m}^2$

（3）其他材料面层。

防静电活动地板工程量 $= 31.08 \mathrm{m}^2$

（4）踢脚线。

大理石踢脚线工程量 $= (263.40 + 62.90) \mathrm{m} = 326.30 \mathrm{m}$

瓷砖踢脚线工程量 $= (251.6 + 157.2 + 15.4) \mathrm{m} = 424.20 \mathrm{m}$

（5）楼梯装饰。

现浇水磨石楼梯面工程量 $= 72.74 \mathrm{m}^2$

（6）扶手、栏杆、栏板装饰。

金属扶手带栏杆工程量 $= (12.06 + 35.41) \mathrm{m} = 47.47 \mathrm{m}$

（7）台阶装饰。

现浇水磨石台阶面工程量 $= (24.30 + 9.00) \mathrm{m}^2 = 33.30 \mathrm{m}^2$

2. 墙、柱面工程（定额工程量同清单工程量）

1）室内墙面抹灰

首层和二层室内抹灰总工程量 $= 3\ 412.85 \mathrm{m}^2$

2）室内墙裙面积

（1）油漆墙裙面积 $= 802.08 \mathrm{m}^2$

（2）瓷砖墙裙墙裙面积 $= 47.68\ \mathrm{m}^2$

3）外墙浅色水刷石工面积（定额工程量同清单工程量）

正立面两层门窗面积 $= (1.8 \times 3.0 \times 18 + 5.2 \times 3.41) \mathrm{m}^2 = 114.932 \mathrm{m}^2$

左立面两层门窗面积 $= (1.5 \times 1.8 \times 2 + 1.8 \times 3.0 \times 5 + 5.2 \times 3.41) \mathrm{m}^2 = 50.132 \mathrm{m}^2$

右立面两层门窗面积 $= (1.5 \times 1.8 \times 2 + 1.8 \times 3.0 \times 5 + 5.2 \times 3.41) \mathrm{m}^2 = 50.132 \mathrm{m}^2$

外墙浅色水刷石面积：$S = \{[39 + 0.6 + (35.1 + 0.6) \times 2] \times 9 - 114.932 - 50.132 - 50.132\} \mathrm{m}^2$
$$= 850.40 \mathrm{m}^2$$

4）外墙抹灰面积

背立面两层门窗面积 $= (1.5 \times 1.8 \times 18 + 1.8 \times 2.3) \mathrm{m}^2 = 52.74 \mathrm{m}^2$

外墙抹灰面积：$S = [(39 + 0.6) \times 9.6 - 52.74] \mathrm{m}^2 = 327.42 \mathrm{m}^2$

5）花岗岩外墙裙面积

$S = [(39 + 0.6 + 35.1 + 0.6) \times 2 - 5.2 \times 3 - 1.8] \times 0.45 \mathrm{m}^2 = 59.94 \mathrm{m}^2$

3. 天棚工程（定额工程量同清单工程量）

天棚总工程量 $= (1\ 256.4 + 1\ 345.28) \mathrm{m}^2 = 2\ 601.68 \mathrm{m}^2$

4. 门窗工程

1）钢窗工程量

C1 工程量 $= 3.0 \times 1.8 \times 38\mathrm{m}^2 = 205.2\mathrm{m}^2$

C2 工程量 $= 1.5 \times 1.8 \times 22\mathrm{m}^2 = 59.40\mathrm{m}^2$

2）门工程量

M1 工程量 $= 5.2 \times 3.41 \times 3\mathrm{m}^2 = 53.20\mathrm{m}^2$

M2 工程量 $= 1.8 \times 2.3\mathrm{m}^2 = 4.14\mathrm{m}^2$

M3 工程量 $= 0.9 \times 2.1 \times 36\mathrm{m}^2 = 68.04\mathrm{m}^2$

5. 油漆、涂料、裱糊工程

1）钢窗

钢窗刷防锈漆一遍，调和漆两遍。

钢窗为一玻一纱双层钢窗，其工程量计算如下：

C1 工程量 $= 205.2\mathrm{m}^2 \times 1.48 = 303.70\mathrm{m}^2$

【注释】 205.2——所有 C1 所对应洞口的面积；

1.48——系数。

C2 工程量 $= 59.40\mathrm{m}^2 \times 1.48 = 87.91\mathrm{m}^2$

【注释】 59.40——所有 C2 所对应洞口的面积；

1.48——系数。

2）金属门 M1

M1 门框刷防锈漆一遍，调和漆两遍。

M1 工程量 $= 53.20\mathrm{m}^2$

【注释】 53.20——所有 M1 所对应洞口的面积。

3）木门 M2

M2 为单层木门，刷底油一遍，调和漆两遍。

M2 工程量 $= 4.14\mathrm{m}^2$

【注释】 4.14——所有 M2 所对应洞口的面积。

4）木门 M3

M3 为单层木门，刷底油一遍，调和漆两遍。

M3 工程量 $= 68.04\mathrm{m}^2$

【注释】 68.04——所有 M3 所对应洞口的面积。

6. 预算与计价

施工图预算如表 2-3 所示。

表 2-3　某宾馆装饰装修工程施工图预算表

序号	定额编号	分项工程名称	计量单位	工程量	基价/元	其　中			合计/元
						人工费/元	材料费/元	机械费/元	
1	12-15	找平层	10m²	15.88	56.04	18.20	35.78	2.06	889.92
2	12-30	水磨石楼地面	10m²	15.88	287.88	122.72	140.49	24.67	4 571.53
3	12-15	找平层	10m²	170.70	56.04	18.20	35.78	2.06	9 566.03
4	12-94	块料楼地面	10m²	170.70	377.57	98.84	276.46	2.27	64 451.20
5	12-15	找平层	10m²	43.85	56.04	18.20	35.78	2.06	2 457.35

（续表）

序号	定额编号	分项工程名称	计量单位	工程量	基价/元	人工费/元	材料费/元	机械费/元	合计/元
6	12-92	块料楼地面	10m²	43.85	355.77	93.52	259.98	2.27	15 600.51
7	12-139	抗静电活动地板	10m²	3.11	2 577.48	169.68	2 407.80	—	8 051.96
8	12-52	大理石踢脚线	10m	32.63	275.24	21.28	253.41	0.55	8 981.08
9	12-103	块料踢脚线	10m	42.42	90.13	33.88	55.67	0.58	3 823.31
10	12-35	水磨石楼梯	10m²	7.27	733.75	542.36	186.09	5.30	5 334.36
11	12-158	不锈钢管栏杆	10m	4.75	3 329.67	194.32	2 997.94	137.41	15 815.93
12	12-37	水磨石台阶	10m²	3.33	571.42	395.72	170.76	4.94	1 902.83
13	13-2	墙面抹纸筋石灰砂浆	10m²	80.21	63.62	38.74	23.08	1.80	5 102.96
14	13-2	墙面抹纸筋石灰砂浆	10m²	32.74	63.62	38.74	23.08	1.80	2 082.92
15	13-2	墙面抹纸筋石灰砂浆	10m²	341.29	63.62	38.74	23.08	1.80	21 712.87
16	13-112	瓷砖 152mm × 152mm 以内	10m²	4.77	431.72	181.72	245.97	4.03	2 059.30
17	13-54	水刷石	10m²	85.04	163.76	99.06	63.31	1.39	13 926.15
18	13-95	干挂花岗岩	10m²	5.99	3 210.57	222.04	2 969.05	19.48	19 231.31
19	14-7	装配式 U 型（不上人型）轻钢龙骨，面层规格 400mm×400mm	10m²	260.17	361.35	56.00	301.95	3.40	94 012.43
20	14-71	铝塑板天棚面层	10m²	260.17	905.12	43.96	861.16	—	235 485.07
21	15-208	门框制作	10m²	0.414	352.62	23.52	323.03	6.07	145.99
22	15-210	门框安装	10m²	0.414	27.66	14.00	13.66	—	11.45
23	15-209	门扇制作	10m²	0.414	571.97	59.08	492.89	20.00	236.80
24	15-211	门扇安装	10m²	0.414	34.16	34.16	—	—	14.14
25	15-232	门框制作	10m²	6.80	340.58	22.68	311.98	5.92	2 315.94
26	15-234	门框安装	10m²	6.80	25.72	14.56	11.16	—	174.90
27	15-233	门扇制作	10m²	6.80	673.22	83.44	558.54	31.24	4 577.90
28	15-235	门扇安装	10m²	6.80	67.92	45.36	22.56	—	461.86
29	15-45	四扇地弹门	10m²	5.32	2 250.66	373.80	1 859.35	17.51	11 973.51
30	15-79	银白色推拉窗	10m²	20.52	1 803.46	327.04	1 457.71	18.71	37 007.00
31	15-77	银白色推拉窗	10m²	5.94	2 036.77	321.44	1 693.82	21.51	12 098.41
32	16-267	醇酸磁漆	10m²	5.32	76.49	39.48	37.01	—	406.93
33	16-1	木材面油漆	10m²	0.414	101.38	57.40	43.98	—	41.97
34	16-1	木材面油漆	10m²	6.80	101.38	57.40	43.98	—	689.38
35	16-267	醇酸磁漆	10m²	30.37	76.49	39.48	37.01	—	2 323.00

（续表）

序号	定额编号	分项工程名称	计量单位	工程量	基价/元	人工费/元	材料费/元	机械费/元	合计/元
36	16-267	醇酸磁漆	10m²	8.79	76.49	39.48	37.01	—	672.35
37	16-307	内墙面乳胶漆	10m²	80.21	66.49	27.44	39.05	—	5 333.16
合　计									613 543.71

（表头"其中"跨人工费、材料费、机械费三列）

三、将定额计价转换为清单计价形成

分部分项工程和单价措施项目清单与计价如表 2-4 所示，工程量综合单价分析如表 2-5 ~ 表 2-31 所示。

表 2-4　分部分项工程和单价措施项目清单与计价表

工程名称：某两层框架结构大学食堂工程　　　　　　标段：　　　　　　　　第　页 共　页

序号	项目编码	项目名称	项目特征描述	计量单位	工程量	综合单价	合价	其中：暂估价
1	011101002001	现浇水磨石楼地面	1:3 水泥砂浆找平，水泥白石子浆 1:2，金刚石 200mm×75mm×50mm	m²	158.76	40.74	6 467.88	
2	011102003001	块料楼地面	1:3 水泥砂浆找平，浅黄色同质地砖 600mm×600mm	m²	1 707.04	47.97	81 886.71	
3	011102003002	块料楼地面	1:3 水泥砂浆找平，防滑地砖 400mm×400mm	m²	438.48	45.62	20 003.46	
4	011104004001	防静电活动地板	木质抗静电活动地板	m²	31.08	264.03	8 206.05	
5	011105002001	石材踢脚线	大理石踢脚线，干粉型黏结剂干黏	m²	58.38	158.66	9 262.57	
6	011105003001	块料踢脚线	瓷砖踢脚线，同质地砖 300mm×300mm 干粉型黏结剂干黏	m²	62.07	59.68	3 704.34	
7	011106005001	现浇水磨石楼梯面	水泥白石子浆 1:2，水泥砂浆 1:3，金刚石 2mm×75mm×50mm	m²	74.99	97.81	7 334.77	
8	011503001001	金属扶手、栏杆、栏板	不锈钢管栏杆	m	47.47	345.23	16 388.07	
9	011107005001	现浇水磨石台阶面	水泥白石子浆 1:2，水泥砂浆 1:3，金刚石 2mm×75mm×50mm	m²	33.30	75.02	2 498.17	
10	011201001001	墙面一般抹灰	墙面纸筋石灰砂浆	m²	802.08	8.16	6 544.97	
11	011201001002	墙面一般抹灰	墙面纸筋石灰砂浆	m²	327.42	8.16	2 671.75	

（续表）

序号	项目编码	项目名称	项目特征描述	计量单位	工程量	金额/元		
						综合单价	合价	其中：暂估价
12	011201001003	墙面一般抹灰	墙面纸筋石灰砂浆	m²	3 412.85	8.16	27 848.86	
13	011204003001	块料墙面	瓷砖152mm×152mm	m²	47.68	50.04	2 385.91	
14	011204001001	石材墙面	浅色水刷石外墙面	m²	850.40	20.10	17 093.04	
15	011204001002	石材墙面	干挂花岗岩外墙勒脚	m²	59.94	329.99	19 779.60	
16	011302001001	天棚吊顶	轻钢龙骨,铝塑板天棚面层	m²	2 601.68	130.49	339 493.22	
17	010801001001	镶板木门	门框制作,门框安装,门扇制作,门扇安装	m²	4.14	104.46	432.46	
18	010801001002	胶合板门	门框制作,门框安装,门扇制作,门扇安装	m²	68.04	118.26	8 046.41	
19	010802001001	金属门	四扇地弹门,铝合金白色型材,浮法白片玻璃	m²	53.20	239.55	12 744.06	
20	010807001001	金属推拉窗	三扇,带亮子,铝合金白色型材,浮法白片玻璃	m²	205.20	193.13	39 630.28	
21	010807001002	金属推拉窗	两扇,带亮子,铝合金白色型材,浮法白片玻璃	m²	59.40	216.36	12 851.78	
22	011401001001	金属门油漆	M1,酚醛无光调和漆打底,酚醛清漆	m²	53.20	9.11	484.65	
23	011401001002	木门油漆	M2,涂醇酸磁漆	m²	4.14	12.26	50.76	
24	011401002001	木门油漆	M3,酚醛无光调和漆打底,酚醛清漆	m²	68.04	12.26	834.17	
25	011402002001	金属窗油漆	C1,涂醇酸磁漆	m²	205.20	9.11	1 869.37	
26	011402002002	金属窗油漆	C2,涂醇酸磁漆	m²	59.40	9.11	541.13	
27	011406001001	抹灰面油漆	内墙裙喷涂内墙面乳胶漆	m²	802.08	7.67	6 151.95	
		合　计					655 206.39	

表 2-5　工程量清单综合单价分析表 1

工程名称:某二层框架大学食堂工程　　　　　　标段:　　　　　　　　第 1 页　共 27 页

项目编码	011101002001	项目名称	现浇水磨石楼地面	计量单位	m²	工程量	158.76

清单综合单价组成明细											
定额编号	定额名称	定额单位	数量	单　价				合　价			
				人工费	材料费	机械费	管理费和利润	人工费	材料费	机械费	管理费和利润
12-15	找平层	10m²	0.10	19.60	35.78	2.06	7.50	1.96	3.58	0.21	0.75
12-30	水磨石楼地面	10m²	0.10	122.72	140.49	24.67	54.54	12.27	14.05	2.47	5.45
人工单价			小　计					14.23	17.63	2.68	6.20
28元/工日			未计价材料费					—			
		清单项目综合单价						40.74			

113

主要材料名称、规格、型号	单位	数量	单价/元	合价/元	暂估单价/元	暂估合价/元
水泥砂浆 1∶3	m³	0.040	176.30	7.12		
水	m³	0.062	2.80	0.17		
水泥白石子浆 1∶2	m³	0.017	345.64	5.98		
素水泥浆	m³	0.001	426.22	0.43		
金刚石（三角形）75mm×75mm×50mm	块	0.30	9.50	2.85		
金刚石 200mm×75mm×50mm	块	0.03	13.02	0.39		
草酸	kg	0.01	4.75	0.05		
硬白蜡	kg	0.03	3.33	0.09		
煤油	kg	0.04	4.00	0.16		
油漆溶剂油	kg	0.005	3.33	0.02		
清油	kg	0.005	10.64	0.05		
棉纱头	kg	0.011	6.00	0.07		
其他材料费			—	0.25	—	
材料费小计			—	17.63	—	

（左侧纵向标注：材料费明细）

表 2-6 工程量清单综合单价分析表 2

工程名称：某二层框架大学食堂工程　　　　　　标段：　　　　　　第 2 页　共 27 页

项目编码	011102003001	项目名称	块料楼地面	计量单位	m²	工程量	1 707.04

清单综合单价组成明细

定额编号	定额名称	定额单位	数量	单价				合价			
				人工费	材料费	机械费	管理费和利润	人工费	材料费	机械费	管理费和利润
12-15	找平层	10m²	0.10	19.60	35.78	2.06	7.50	1.96	3.58	0.21	0.75
12-94	块料楼地面	10m²	0.10	98.48	276.46	2.27	37.41	9.85	27.65	0.23	3.74
人工单价		小　计						11.81	31.23	0.44	4.49
28 元/工日		未计价材料费						—			
清单项目综合单价								47.97			

主要材料名称、规格、型号	单位	数量	单价/元	合价/元	暂估单价/元	暂估合价/元
水泥砂浆 1∶3	m³	0.04	176.30	7.12		
水	m³	0.03	2.80	0.09		
同质地砖 600×600	块	2.90	7.52	21.82		
水泥砂浆 1∶2	m³	0.005	212.43	1.08		
素水泥浆	m³	0.001	426.22	0.43		
白水泥	kg	0.10	0.58	0.06		
棉纱头	kg	0.01	6.00	0.06		
锯（木）屑	m³	0.006	10.45	0.06		
合金钢切割锯片	片	0.003	61.75	0.15		
其他材料费			—	0.36	—	
材料费小计			—	31.23	—	

（左侧纵向标注：材料费明细）

表2-7　工程量清单综合单价分析表3

工程名称:某二层框架大学食堂工程　　　　　　标段:　　　　　　　第3页　共27页

项目编码	011102003002	项目名称	块料楼地面	计量单位	m²	工程量	438.48

清单综合单价组成明细

定额编号	定额名称	定额单位	数量	单价				合价			
				人工费	材料费	机械费	管理费和利润	人工费	材料费	机械费	管理费和利润
12-15	找平层	10m²	0.10	19.60	35.78	2.06	7.50	1.96	3.58	0.21	0.75
12-92	块料楼地面	10m²	0.10	93.52	259.98	2.27	35.44	9.35	26.00	0.23	3.54
人工单价		小　计						11.31	29.58	0.44	4.29
28 元/工日		未计价材料费						—			
清单项目综合单价								45.62			

材料费明细	主要材料名称、规格、型号	单位	数量	单价/元	合价/元	暂估单价/元	暂估合价/元
	同质地砖 400mm×400mm	块	6.40	3.15	20.16		
	水泥砂浆 1:2	m³	0.005	212.43	1.08		
	水泥砂浆 1:3	m³	0.04	176.30	7.13		
	素水泥浆	m³	0.001	426.22	0.43		
	白水泥	kg	0.10	0.58	0.06		
	棉纱头	kg	0.01	6.00	0.06		
	锯(木)屑	m³	0.006	10.45	0.06		
	合金钢切割锯片	片	0.003	61.75	0.15		
	水		0.032	2.80	0.09		
	其他材料费			—	0.36	—	
	材料费小计			—	29.58	—	

表2-8　工程量清单综合单价分析表4

工程名称:某二层框架大学食堂工程　　　　　　标段:　　　　　　　第4页　共27页

项目编码	011104004001	项目名称	防静电活动地板	计量单位	m²	工程量	31.08

清单综合单价组成明细

定额编号	定额名称	定额单位	数量	单价				合价			
				人工费	材料费	机械费	管理费和利润	人工费	材料费	机械费	管理费和利润
12-139	抗静电活动地板	10m²	0.10	169.68	2407.80	—	62.78	16.97	240.78	—	6.28
人工单价		小　计						16.97	240.78	0.00	6.28
28 元/工日		未计价材料费						—			
清单项目综合单价								264.03			

材料费明细	主要材料名称、规格、型号	单位	数量	单价/元	合价/元	暂估单价/元	暂估合价/元
	防火抗静电地板	m²	1.02	236.00	240.72		
	棉纱头	kg	0.01	6.00	0.06		
	其他材料费			—		—	
	材料费小计			—	240.78	—	

表2-9　工程量清单综合单价分析表5

工程名称:某二层框架大学食堂工程　　　　　　　标段:　　　　　　　　

项目编码	011105002001	项目名称		石材踢脚线		计量单位	m²	工程量	58.38

清单综合单价组成明细

定额编号	定额名称	定额单位	数量	单价				合价			
				人工费	材料费	机械费	管理费和利润	人工费	材料费	机械费	管理费和利润
12-52	大理石踢脚线	10m	0.56	21.28	253.41	0.55	8.08	11.92	141.91	0.31	4.52
人工单价			小　计					11.92	141.91	0.31	4.52
28元/工日			未计价材料费					—			
清单项目综合单价								158.66			

	主要材料名称、规格、型号	单位	数量	单价/元	合价/元	暂估单价/元	暂估合价/元
材料费明细	大理石综合	m²	0.86	150.00	129.00		
	水泥砂浆 1∶2	m³	0.016	212.43	3.21		
	干粉型黏结剂	kg	5.88	1.52	8.90		
	白水泥	kg	0.20	0.58	0.11		
	棉纱头	kg	0.01	6.00	0.06		
	锯(木)屑	m³	0.005	10.45	0.05		
	合金钢切割锯片	片	0.002	61.75	0.12		
	水	m³	0.02	2.80	0.05		
	其他材料费			—	0.42	—	
	材料费小计			—	141.91	—	

表2-10　工程量清单综合单价分析表6

工程名称:某二层框架大学食堂工程　　　　　　　标段:　　　　　　　　

项目编码	011105003001	项目名称		块料踢脚线		计量单位	m²	工程量	62.07

清单综合单价组成明细

定额编号	定额名称	定额单位	数量	单价				合价			
				人工费	材料费	机械费	管理费和利润	人工费	材料费	机械费	管理费和利润
12-103	块料踢脚线	10m	0.58	33.88	55.67	0.58	12.76	19.65	32.29	0.34	7.4
人工单价			小　计					19.65	32.29	0.34	7.4
28元/工日			未计价材料费					—			
清单项目综合单价								59.68			

	主要材料名称、规格、型号	单位	数量	单价/元	合价/元	暂估单价/元	暂估合价/元
材料费明细	同质地砖 300mm×300mm	块	9.86	2.35	23.17		
	水泥砂浆 1∶3	m³	0.020	176.30	3.40		
	干粉型粘结剂	kg	3.48	1.52	5.00		
	白水泥	kg	0.20	0.58	0.12		
	棉纱头	kg	0.010	6.00	0.06		

（续表）

材料费明细	主要材料名称、规格、型号	单位	数量	单价/元	合价/元	暂估单价/元	暂估合价/元
	锯(木)屑	m³	0.005	10.45	0.05		
	合金钢切割锯片	片	0.002	61.75	0.12		
	水	m³	0.02	2.80	0.06		
	其他材料费			—	0.31		
	材料费小计			—	32.29		

表 2-11　工程量清单综合单价分析表 7

工程名称:某二层框架大学食堂工程　　　　　标段:　　　　　　第 7 页　共 27 页

项目编码	011106005001	项目名称	现浇水磨石楼梯面	计量单位	m²	工程量	74.99

清单综合单价组成明细

定额编号	定额名称	定额单位	数量	单价 人工费	单价 材料费	单价 机械费	单价 管理费和利润	合价 人工费	合价 材料费	合价 机械费	合价 管理费和利润
12-35	水磨石楼梯	10m²	0.10	584.08	186.09	5.30	202.64	58.41	18.61	0.53	20.26
人工单价			小　计					58.41	18.61	0.53	20.26
28 元/工日			未计价材料费					—			
清单项目综合单价								97.81			

材料费明细	主要材料名称、规格、型号	单位	数量	单价/元	合价/元	暂估单价/元	暂估合价/元
	水泥白石子浆 1:2	m³	0.03	345.64	9.50		
	水泥砂浆 1:3	m³	0.024	176.30	4.23		
	金刚石 200mm×75mm×50mm	块	0.25	13.02	3.20		
	草酸	kg	0.017	4.75	0.08		
	硬白蜡	kg	0.044	3.33	0.15		
	煤油	kg	0.066	4.00	0.26		
	棉纱头	kg	0.02	6.00	0.13		
	油漆溶剂油	kg	0.008	3.33	0.03		
	清油	kg	0.008	10.64	0.09		
	素水泥浆	m³	0.002	426.22	0.68		
	水	m³	0.09	2.80	0.26		
	其他材料费						
	材料费小计			—	18.61	—	

表 2-12　工程量清单综合单价分析表 8

工程名称:某二层框架大学食堂工程　　　　　标段:　　　　　　第 8 页　共 27 页

项目编码	011503001001	项目名称	金属扶手、栏杆、栏板	计量单位	m	工程量	47.47

清单综合单价组成明细

定额编号	定额名称	定额单位	数量	单价 人工费	单价 材料费	单价 机械费	单价 管理费和利润	合价 人工费	合价 材料费	合价 机械费	合价 管理费和利润
12-158	不锈钢管栏杆	10m	0.10	194.32	2 997.94	137.41	122.74	19.43	299.79	13.74	12.27
人工单价			小　计					19.43	299.79	13.74	12.27

（续表）

28 元/工日			未计价材料费				—		
清单项目综合单价							345.23		

	主要材料名称、规格、型号	单位	数量	单价/元	合价/元	暂估单价/元	暂估合价/元
材料费明细	镜面不锈钢管 φ76.2×1.5	m	1.06	62.41	66.15		
	镜面不锈钢管 φ31.8×1.2	m	5.69	20.72	117.96		
	不锈钢焊丝 1Cr18Ni9Ti	kg	0.14	47.70	6.82		
	氩气	m³	0.40	8.84	3.56		
	钨棒	kg	0.06	380.00	22.04		
	不锈钢盖 φ63	只	0.58	4.20	242.38		
	镜面不锈钢管 φ763.5×1.5	m	1.06	51.80	54.91		
	环氧树脂 618	kg	0.15	27.40	4.11		
	其他材料费			—			
	材料费小计			—	299.79		

表 2-13   工程量清单综合单价分析表 9

工程名称：某二层框架大学食堂工程 　　　　标段：　　　　　　　　第 9 页　共 27 页

项目编码	011107005001	项目名称	现浇水磨石台阶面	计量单位	m²	工程量	33.30

清单综合单价组成明细

定额编号	定额名称	定额单位	数量	单价				合价			
				人工费	材料费	机械费	管理费和利润	人工费	材料费	机械费	管理费和利润
12-37	水磨石台阶	10m²	0.10	426.16	170.76	4.94	148.25	42.62	17.08	0.49	14.83
人工单价		小 计						42.62	17.08	0.49	14.83
28 元/工日		未计价材料费						—			
清单项目综合单价								75.02			

	主要材料名称、规格、型号	单位	数量	单价/元	合价/元	暂估单价/元	暂估合价/元
材料费明细	水泥白石子浆 1:2	m³	0.026	345.64	8.88		
	水泥砂浆 1:3	m³	0.022	176.30	3.95		
	金刚石 200mm×75mm×50mm	块	0.18	13.02	2.34		
	草酸	kg	0.015	4.75	0.07		
	硬白蜡	kg	0.04	3.33	0.13		
	煤油	kg	0.06	4.00	0.24		
	棉纱头	kg	0.016	6.00	0.10		
	油漆溶剂油	kg	0.008	3.33	0.03		
	清油	kg	0.008	10.64	0.08		
	草袋子 1×0.7m	m²	0.36	1.43	0.51		
	素水泥浆	m³	0.001	426.22	0.51		
	水	m³	0.083	2.80	0.23		
	其他材料费			—		—	
	材料费小计			—	17.08	—	

表 2-14　工程量清单综合单价分析表 10

工程名称:某二层框架大学食堂工程　　　　　　标段:　　　　　　第 10 页　共 27 页

| 项目编码 | 011201001001 | 项目名称 | 墙面一般抹灰 | 计量单位 | m² | 工程量 | 802.08 |

清单综合单价组成明细

定额编号	定额名称	定额单位	数量	单价				合价			
				人工费	材料费	机械费	管理费和利润	人工费	材料费	机械费	管理费和利润
13-2	墙面纸筋石灰砂浆	10m²	0.10	41.72	23.08	1.80	15.00	4.17	2.31	0.18	1.50
人工单价		小　　计						4.17	2.31	0.18	1.50
28 元/工日		未计价材料费						—			
清单项目综合单价								8.16			

材料费明细	主要材料名称、规格、型号	单位	数量	单价/元	合价/元	暂估单价/元	暂估合价/元
	石灰砂浆 1:3	m³	0.007	101.74	0.75		
	混合砂浆 1:3:9	m³	0.007	131.92	0.95		
	水泥砂浆 1:2.5	m³	0.000 3	199.26	0.06		
	纸筋石灰浆	m³	0.002 5	134.78	0.34		
	801 胶素水泥浆	m³	0.000 4	468.22	0.19		
	水	m³	0.008	2.80	0.02		
	其他材料费			—		—	
	材料费小计			—	2.31	—	

表 2-15　工程量清单综合单价分析表 11

工程名称:某二层框架大学食堂工程　　　　　　标段:　　　　　　第 11 页　共 27 页

| 项目编码 | 011201001002 | 项目名称 | 墙面一般抹灰 | 计量单位 | m² | 工程量 | 327.42 |

清单综合单价组成明细

定额编号	定额名称	定额单位	数量	单价				合价			
				人工费	材料费	机械费	管理费和利润	人工费	材料费	机械费	管理费和利润
13-2	墙面纸筋石灰砂浆	10m²	0.10	41.72	23.08	1.80	15.00	4.17	2.31	0.18	1.50
人工单价		小　　计						4.17	2.31	0.18	1.50
28 元/工日		未计价材料费						—			
清单项目综合单价								8.16			

材料费明细	主要材料名称、规格、型号	单位	数量	单价/元	合价/元	暂估单价/元	暂估合价/元
	石灰砂浆 1:3	m³	0.007	101.74	0.75		
	混合砂浆 1:3:9	m³	0.007	131.92	0.95		
	水泥砂浆 1:2.5	m³	0.000 3	199.26	0.06		
	纸筋石灰浆	m³	0.002 5	134.78	0.34		
	801 胶素水泥浆	m³	0.000 4	468.22	0.19		
	水	m³	0.008	2.80	0.02		
	其他材料费			—		—	
	材料费小计			—	2.31	—	

表 2-16　工程量清单综合单价分析表 12

工程名称:某二层框架大学食堂工程　　　　　标段:　　　　　

项目编码	011201001003	项目名称	墙面一般抹灰		计量单位	m²	工程量	3 412.85

清单综合单价组成明细

定额编号	定额名称	定额单位	数量	单　价				合　价			
				人工费	材料费	机械费	管理费和利润	人工费	材料费	机械费	管理费和利润
13-2	墙面纸筋石灰砂浆	10m²	0.10	41.72	23.08	1.80	15.00	4.17	2.31	0.18	1.50
人工单价			小　计					4.17	2.31	0.18	1.50
28 元/工日			未计价材料费					—			
清单项目综合单价								8.16			

	主要材料名称、规格、型号	单位	数量	单价/元	合价/元	暂估单价/元	暂估合价/元
材料费明细	石灰砂浆 1:3	m³	0.007	101.74	0.75		
	混合砂浆 1:3:9	m³	0.007	131.92	0.95		
	水泥砂浆 1:2.5	m³	0.000 3	199.26	0.06		
	纸筋石灰浆	m³	0.002 5	134.78	0.34		
	801 胶素水泥浆	m³	0.000 4	468.22	0.19		
	水	m³	0.008	2.80	0.02		
	其他材料费			—		—	
	材料费小计			—	2.31	—	

表 2-17　工程量清单综合单价分析表 13

工程名称:某二层框架大学食堂工程　　　　　标段:　　　　　

项目编码	011204003001	项目名称	块料墙面		计量单位	m²	工程量	47.68

清单综合单价组成明细

定额编号	定额名称	定额单位	数量	单　价				合　价			
				人工费	材料费	机械费	管理费和利润	人工费	材料费	机械费	管理费和利润
13-112	瓷砖	10m²	0.10	181.72	245.97	4.03	68.73	18.17	24.60	0.40	6.87
人工单价			小　计					18.17	24.60	0.40	6.87
28 元/工日			未计价材料费					—			
清单项目综合单价								50.04			

	主要材料名称、规格、型号	单位	数量	单价/元	合价/元	暂估单价/元	暂估合价/元
材料费明细	瓷砖 152mm×152mm	百块	0.45	34.00	15.23		
	水泥砂浆 1:3	m³	0.013	176.30	2.34		
	素水泥浆	m³	0.001	426.22	0.43		
	白水泥	kg	0.15	0.58	0.09		
	801 胶	kg	0.022	2.00	0.04		
	干粉型粘结剂	kg	4.20	1.52	6.38		
	棉纱头	kg	0.01	6.00	0.06		
	水	m³	0.08	2.80	0.02		
	其他材料费			—		—	
	材料费小计			—	24.60	—	

表 2-18　工程量清单综合单价分析表 14

工程名称:某二层框架大学食堂工程　　　　　　　标段:　　　　　　　

| 项目编码 | 011204001001 | 项目名称 | | 石材墙面 | 计量单位 | | m² | 工程量 | 850.40 |

<table>
<tr><td colspan="10" align="center">清单综合单价组成明细</td></tr>
<tr>
<td rowspan="2">定额编号</td>
<td rowspan="2">定额名称</td>
<td rowspan="2">定额单位</td>
<td rowspan="2">数量</td>
<td colspan="4" align="center">单价</td>
<td colspan="4" align="center">合价</td>
</tr>
<tr>
<td>人工费</td><td>材料费</td><td>机械费</td><td>管理费和利润</td>
<td>人工费</td><td>材料费</td><td>机械费</td><td>管理费和利润</td>
</tr>
<tr>
<td>13-54</td><td>水刷石</td><td>10m²</td><td>0.10</td>
<td>99.06</td><td>63.31</td><td>1.39</td><td>37.16</td>
<td>9.91</td><td>6.33</td><td>0.14</td><td>3.72</td>
</tr>
<tr>
<td colspan="2" align="center">人工单价</td>
<td colspan="4" align="center">小　计</td>
<td>9.91</td><td>6.33</td><td>0.14</td><td>3.72</td>
</tr>
<tr>
<td colspan="2" align="center">26 元/工日</td>
<td colspan="4" align="center">未计价材料费</td>
<td colspan="4" align="center">—</td>
</tr>
<tr>
<td colspan="6" align="center">清单项目综合单价</td>
<td colspan="4" align="center">20.10</td>
</tr>
</table>

	主要材料名称、规格、型号	单位	数量	单价/元	合价/元	暂估单价/元	暂估合价/元
材料费明细	水泥白石子浆 1:2	m³	3.53	345.64	3.53		
	水泥砂浆 1:3	m³	2.27	176.30	2.27		
	801 胶素水泥浆	m³	0.19	468.22	0.19		
	普通成材	m³	0.32	1 599.00	0.32		
	水	m³	0.02	2.80	0.02		
	其他材料费			—		—	
	材料费小计			—	6.33	—	

表 2-19　工程量清单综合单价分析表 15

工程名称:某二层框架大学食堂工程　　　　　　　标段:　　　　　　　

| 项目编码 | 011204001002 | 项目名称 | | 石材墙面 | 计量单位 | | m² | 工程量 | 59.94 |

<table>
<tr><td colspan="10" align="center">清单综合单价组成明细</td></tr>
<tr>
<td rowspan="2">定额编号</td>
<td rowspan="2">定额名称</td>
<td rowspan="2">定额单位</td>
<td rowspan="2">数量</td>
<td colspan="4" align="center">单价</td>
<td colspan="4" align="center">合价</td>
</tr>
<tr>
<td>人工费</td><td>材料费</td><td>机械费</td><td>管理费和利润</td>
<td>人工费</td><td>材料费</td><td>机械费</td><td>管理费和利润</td>
</tr>
<tr>
<td>13-95</td><td>干挂花岗岩</td><td>10m²</td><td>0.10</td>
<td>222.04</td><td>2 969.05</td><td>19.48</td><td>89.36</td>
<td>22.20</td><td>296.91</td><td>1.95</td><td>8.94</td>
</tr>
<tr>
<td colspan="2" align="center">人工单价</td>
<td colspan="4" align="center">小　计</td>
<td>22.20</td><td>296.91</td><td>1.95</td><td>8.94</td>
</tr>
<tr>
<td colspan="2" align="center">28 元/工日</td>
<td colspan="4" align="center">未计价材料费</td>
<td colspan="4" align="center">—</td>
</tr>
<tr>
<td colspan="6" align="center">清单项目综合单价</td>
<td colspan="4" align="center">329.99</td>
</tr>
</table>

	主要材料名称、规格、型号	单位	数量	单价/元	合价/元	暂估单价/元	暂估合价/元
材料费明细	花岗岩综合	m²	1.02	250.00	255.00		
	膨胀螺栓 M14	百套	0.07	180.50	11.91		
	合金钢钻头一字型	个	0.08	19.00	1.58		
	不锈钢连接件	百只	0.06	47.50	3.14		
	不锈钢插棍	百只	0.07	23.75	1.57		
	合金钢切割锯片	片	0.04	61.75	2.60		
	不锈钢六角螺栓 M10×40	百套	0.07	250.00	16.50		
	干挂云石胶(AB)	组	0.012	225.00	2.70		
	草酸	kg	0.01	4.75	0.05		
	硬白蜡	kg	0.03	3.33	0.09		
	煤油	kg	0.04	4.00	0.16		

材料费明细	主要材料名称、规格、型号	单位	数量	单价/元	合价/元	暂估单价/元	暂估合价/元
	松节油	kg	0.006	3.80	0.023		
	棉纱头	kg	0.01	6.00	0.06		
	水	m³	0.014	2.80	0.04		
	其他材料费			—	1.49	—	
	材料费小计			—	296.91	—	

表 2-20　工程量清单综合单价分析表 16

工程名称：某二层框架大学食堂工程　　　　　　　标段：　　　　　　　第 16 页　共 27 页

项目编码	011302001001	项目名称	天棚吊顶	计量单位	m²	工程量	2 601.68

清单综合单价组成明细

定额编号	定额名称	定额单位	数量	单价				合价			
				人工费	材料费	机械费	管理费和利润	人工费	材料费	机械费	管理费和利润
14-7	装配式 U 型（不上人型）轻钢龙骨	10m²	0.10	56.00	301.95	3.40	21.98	5.60	30.20	0.34	2.20
14-71	铝塑板天棚面层	10m²	0.10	43.96	861.16	—	16.27	4.40	86.12		1.63
人工单价			小　计					10.00	116.32	0.34	3.83
28 元/工日			未计价材料费					—			
			清单项目综合单价					130.49			

材料费明细	主要材料名称、规格、型号	单位	数量	单价/元	合价/元	暂估单价/元	暂估合价/元
	大龙骨（轻钢）	m	1.39	4.00	5.54		
	中龙骨（轻钢）	m	3.01	2.20	6.61		
	中龙骨横撑	m	2.99	2.79	8.36		
	主接件	只	0.50	0.56	0.28		
	次接件	只	1.10	0.69	0.76		
	大龙骨垂直吊件（轻钢）	只	1.70	0.40	0.68		
	中龙骨垂直吊件	只	3.70	0.38	1.41		
	中龙骨平面连接件	只	13.50	0.45	6.07		
	铝塑板（单面）	m²	1.05	77.20	81.06		
	万能胶	kg	0.33	14.92	4.86		
	其他材料费			—	0.67	—	
	材料费小计			—	116.32	—	

表 2-21　工程量清单综合单价分析表 17

工程名称:某二层框架大学食堂工程　　　　　标段:　　　　　　第 17 页　共 27 页

项目编码	010801001001	项目名称	镶板木门	计量单位	m²	工程量	4.14

清单综合单价组成明细

定额编号	定额名称	定额单位	数量	单价 人工费	材料费	机械费	管理费和利润	合价 人工费	材料费	机械费	管理费和利润
15-208	门框制作	10m²	0.10	23.52	323.03	6.07	10.95	2.35	32.30	0.61	1.10
15-210	门框安装	10m²	0.10	14.00	13.66	—	5.18	1.40	1.37	—	0.52
15-209	门扇制作	10m²	0.10	59.08	492.89	20.00	29.26	5.91	49.29	2.00	2.93
15-211	门扇安装	10m²	0.10	34.16	—	—	12.64	3.42	—	—	1.26
人工单价			小　计					13.08	82.96	2.61	5.81
28 元/工日			未计价材料费					—			
清单项目综合单价								104.46			

主要材料名称、规格、型号	单位	数量	单价/元	合价/元	暂估单价/元	暂估合价/元
普通成材	m³	0.047	1 599.00	76.15		
木砖与拉条	m³	0.005	1 249.00	5.25		
铁钉	kg	0.12	3.60	0.41		
乳胶	kg	0.36	5.51	0.39		
防腐油	kg	0.31	1.71	0.54		
清油	kg	0.02	10.64	0.19		
油漆溶剂油	kg	0.01	3.33	0.03		
其他材料费			—		—	
材料费小计			—	82.96	—	

表 2-22　工程量清单综合单价分析表 18

工程名称:某二层框架大学食堂工程　　　　　标段:　　　　　　第 18 页　共 27 页

项目编码	010801001002	项目名称	胶合板门	计量单位	m²	工程量	68.04

清单综合单价组成明细

定额编号	定额名称	定额单位	数量	单价 人工费	材料费	机械费	管理费和利润	合价 人工费	材料费	机械费	管理费和利润
15-232	门框制作	10m²	0.10	22.68	311.98	5.92	10.58	2.27	31.20	0.59	1.06
15-234	门框安装	10m²	0.10	14.56	11.16	—	5.39	1.46	1.12	—	0.54
15-233	门扇制作	10m²	0.10	83.44	558.54	31.24	42.43	8.34	55.85	3.12	4.24
15-235	门扇安装	10m²	0.10	45.36	22.56	—	16.78	4.54	2.26	—	1.68
人工单价			小　计					16.60	90.42	3.72	7.52
28 元/工日			未计价材料费					—			
清单项目综合单价								118.26			

（续表）

主要材料名称、规格、型号	单位	数量	单价/元	合价/元	暂估单价/元	暂估合价/元
普通成材	m³	0.034	1 599.00	55.65		
玻璃3mm	m²	0.10	18.20	1.89		
木砖与拉条	m³	0.004	1 249.00	5.37		
玻璃密封胶	kg	0.02	20.14	0.36		
铁钉	kg	0.17	3.60	0.60		
胶合板三夹	m²	3.01	9.10	27.36		
乳胶	kg	0.12	5.51	0.66		
胶合板边角料残值回收	m²	−1.18	1.90	−2.25		
防腐油	kg	0.31	1.71	0.53		
清油	kg	0.02	10.64	0.19		
油漆溶剂油	kg	0.01	3.33	0.03		
其他材料费				—		—
材料费小计				90.42		—

（材料费明细）

表2-23　工程量清单综合单价分析表19

工程名称：某二层框架大学食堂工程　　　　　标段：　　　　　第19页　共27页

项目编码	010802001001	项目名称	金属门	计量单位	m²	工程量	53.20

清单综合单价组成明细

定额编号	定额名称	定额单位	数量	单价 人工费	材料费	机械费	管理费和利润	合价 人工费	材料费	机械费	管理费和利润
15-45	四扇地弹门	10m²	0.10	373.80	1859.35	17.51	144.79	37.38	185.94	1.75	14.48
人工单价			小　计					37.38	185.94	1.75	14.48
28元/工日			未计价材料费					—			
清单项目综合单价								239.55			

主要材料名称、规格、型号	单位	数量	单价/元	合价/元	暂估单价/元	暂估合价/元
铝合金型材银白色	kg	6.64	20.60	136.85		
浮法白片玻璃　δ=5mm	m²	1.10	27.18	29.93		
密封胶条	m	1.65	0.44	0.73		
玻璃胶300ml	支	0.48	13.87	6.71		
软填料（沥青玻璃棉毡）	kg	0.22	3.80	0.85		
密封油膏	kg	0.18	1.43	0.25		
膨胀螺栓 M10×100	套	5.60	1.00	5.60		
自攻螺丝（钉）	百只	0.09	3.80	0.34		
铝拉铆钉　LD−1	百只	0.02	3.33	0.07		
镀锌铁脚	个	2.80	1.52	4.26		
其他材料费				0.35		
材料费小计				185.94		

（材料费明细）

表 2-24 工程量清单综合单价分析表 20

工程名称:某二层框架大学食堂工程　　　　　标段:　　　　　

项目编码	010807001001	项目名称	金属推拉窗	计量单位	m²	工程量	205.20

清单综合单价组成明细

定额编号	定额名称	定额单位	数量	单价				合价			
				人工费	材料费	机械费	管理费和利润	人工费	材料费	机械费	管理费和利润
15-79	银白色推拉窗	10m²	0.10	327.04	1 457.71	18.71	127.93	32.70	145.77	1.87	12.79
人工单价		小　计						32.70	145.77	1.87	12.79
28 元/工日		未计价材料费						—			
清单项目综合单价								193.13			

	主要材料名称、规格、型号	单位	数量	单价/元	合价/元	暂估单价/元	暂估合价/元
材料费明细	铝合金型材银白色	kg	4.58	20.60	94.37		
	浮法白片玻璃　δ=5mm	m²	1.02	27.18	27.81		
	密封胶条	m	2.67	0.57	1.52		
	玻璃胶 300ml	支	0.49	13.87	6.77		
	软填料(沥青玻璃棉毡)	kg	0.33	3.80	1.25		
	密封油膏	kg	0.30	1.43	0.43		
	镀锌铁脚	个	3.40	1.52	5.17		
	膨胀螺栓　M8×80	套	6.80	0.95	6.46		
	自攻螺丝(钉)	百只	0.07	3.80	0.27		
	其他材料费			—	1.74		
	材料费小计			—	145.77	—	

表 2-25 工程量清单综合单价分析表 21

工程名称:某二层框架大学食堂工程　　　　　标段:　　　　　

项目编码	010807001002	项目名称	金属推拉窗	计量单位	m²	工程量	59.40

清单综合单价组成明细

定额编号	定额名称	定额单位	数量	单价				合价			
				人工费	材料费	机械费	管理费和利润	人工费	材料费	机械费	管理费和利润
15-77	银白色推拉窗	10m²	0.10	321.44	1 693.82	21.51	126.89	32.14	169.38	2.15	12.69
人工单价		小　计						32.14	169.38	2.15	12.69
28 元/工日		未计价材料费						—			
清单项目综合单价								216.36			

	主要材料名称、规格、型号	单位	数量	单价/元	合价/元	暂估单价/元	暂估合价/元
材料费明细	铝合金型材银白色	kg	5.39	20.60	111.06		
	浮法白片玻璃　δ=5mm	m²	0.99	27.18	26.77		
	密封胶条	m	3.80	0.57	2.17		
	玻璃胶 300ml	支	0.55	13.87	7.64		
	软填料(沥青玻璃棉毡)	kg	0.46	3.80	1.76		
	密封油膏	kg	0.47	1.43	0.67		

（续表）

材料费明细	主要材料名称、规格、型号	单位	数量	单价/元	合价/元	暂估单价/元	暂估合价/元
	镀锌铁脚	个	4.80	1.52	7.30		
	膨胀螺栓 M8×80	套	9.60	0.95	9.12		
	自攻螺丝(钉)	百只	0.10	3.80	0.39		
	其他材料费			—	2.51	—	
	材料费小计			—	169.38	—	

表 2-26　工程量清单综合单价分析表 22

工程名称：某二层框架大学食堂工程　　　　　　标段：　　　　　　第 22 页　共 27 页

项目编码	011402002001	项目名称	金属门油漆	计量单位	m²	工程量	53.20

清单综合单价组成明细

定额编号	定额名称	定额单位	数量	单价				合价			
				人工费	材料费	机械费	管理费和利润	人工费	材料费	机械费	管理费和利润
16-267	醇酸磁漆	10m²	0.10	39.48	37.01	—	14.61	3.95	3.70	—	1.46
人工单价			小　计					3.95	3.70	—	1.46
28 元/工日			未计价材料费					—			
清单项目综合单价								9.11			

材料费明细	主要材料名称、规格、型号	单位	数量	单价/元	合价/元	暂估单价/元	暂估合价/元
	醇酸磁漆	kg	0.21	16.22	3.42		
	醇酸漆稀释剂 X6	kg	0.023	6.94	0.16		
	砂纸	张	0.11	1.02	0.11		
	白布	m²	0.002	3.42	0.01		
	其他材料费			—		—	
	材料费小计			—	3.70		

表 2-27　工程量清单综合单价分析表 23

工程名称：某二层框架大学食堂工程　　　　　　标段：　　　　　　第 23 页　共 27 页

项目编码	011401001002	项目名称	木门油漆	计量单位	m²	工程量	4.14

清单综合单价组成明细

定额编号	定额名称	定额单位	数量	单价				合价			
				人工费	材料费	机械费	管理费和利润	人工费	材料费	机械费	管理费和利润
16-1	木材面油漆	10m²	0.10	57.40	43.98	—	21.24	5.74	4.40	—	2.12
人工单价			小　计					5.74	4.40	—	2.12
28 元/工日			未计价材料费					—			
清单项目综合单价								12.26			

材料费明细	主要材料名称、规格、型号	单位	数量	单价/元	合价/元	暂估单价/元	暂估合价/元
	油漆溶剂油	kg	0.11	3.33	0.37		
	石膏粉 325 目	kg	0.05	0.45	0.02		
	酚醛无光调和漆（底漆）	kg	0.25	6.65	1.66		
	调和漆	kg	0.22	8.00	1.76		

（续表）

材料费明细	主要材料名称、规格、型号	单位	数量	单价/元	合价/元	暂估单价/元	暂估合价/元
	酚醛清漆	kg	0.02	8.00	0.14		
	砂纸	张	0.42	1.02	0.43		
	白布	m²	0.003	3.42	0.01		
	其他材料费			—			
	材料费小计			—	4.40	—	

表 2-28　工程量清单综合单价分析表 24

工程名称:某二层框架大学食堂工程　　　　　标段:　　　　　　　

项目编码	011401001001	项目名称	木门油漆	计量单位	m²	工程量	68.04

清单综合单价组成明细

定额编号	定额名称	定额单位	数量	单价				合价			
				人工费	材料费	机械费	管理费和利润	人工费	材料费	机械费	管理费和利润
16-1	木材面油漆	10m²	0.10	57.40	43.98	—	21.24	5.74	4.40	—	2.12
人工单价		小　计						5.74	4.40	—	2.12
28 元/工日		未计价材料费						—			
清单项目综合单价								12.26			

材料费明细	主要材料名称、规格、型号	单位	数量	单价/元	合价/元	暂估单价/元	暂估合价/元
	油漆溶剂油	kg	0.11	3.33	0.37		
	石膏粉 325 目	kg	0.05	0.45	0.02		
	酚醛无光调和漆（底漆）	kg	0.25	6.65	1.66		
	调和漆	kg	0.22	8.00	1.76		
	酚醛清漆	kg	0.02	8.00	0.14		
	砂纸	张	0.42	1.02	0.43		
	白布	m²	0.003	3.42	0.01		
	其他材料费						
	材料费小计			—	4.40	—	

表 2-29　工程量清单综合单价分析表 25

工程名称:某二层框架大学食堂工程　　　　　标段:　　　　　　　

项目编码	011402002001	项目名称	金属窗油漆	计量单位	m²	工程量	205.20

清单综合单价组成明细

定额编号	定额名称	定额单位	数量	单价				合价			
				人工费	材料费	机械费	管理费和利润	人工费	材料费	机械费	管理费和利润
16-267	醇酸磁漆	10m²	0.10	39.48	37.01	—	14.61	3.95	3.70	—	1.46
人工单价		小　计						3.95	3.70	—	1.46
28 元/工日		未计价材料费						—			
清单项目综合单价								9.11			

（续表）

材料费明细	主要材料名称、规格、型号	单位	数量	单价/元	合价/元	暂估单价/元	暂估合价/元
	醇酸磁漆	kg	0.21	16.22	3.42		
	醇酸漆稀释剂 X6	kg	0.023	6.94	0.16		
	砂纸	张	0.11	1.02	0.11		
	白布	m²	0.002	3.42	0.01		
	其他材料费				—		
	材料费小计				3.70		

表 2-30　工程量清单综合单价分析表 26

工程名称：某二层框架大学食堂工程　　　　　　标段：　　　　　　第 26 页　共 27 页

项目编码	011402002002	项目名称	金属窗油漆	计量单位	m²	工程量	59.40

清单综合单价组成明细

定额编号	定额名称	定额单位	数量	单价				合价			
				人工费	材料费	机械费	管理费和利润	人工费	材料费	机械费	管理费和利润
16-267	醇酸磁漆	10m²	0.10	39.48	37.01		14.61	3.95	3.70		1.46
人工单价			小　计					3.95	3.70	—	1.46
28 元/工日			未计价材料费					—			
清单项目综合单价								9.11			

材料费明细	主要材料名称、规格、型号	单位	数量	单价/元	合价/元	暂估单价/元	暂估合价/元
	醇酸磁漆	kg	0.21	16.22	3.42		
	醇酸漆稀释剂 X6	kg	0.023	6.94	0.16		
	砂纸	张	0.11	1.02	0.11		
	白布	m²	0.002	3.42	0.01		
	其他材料费				—		
	材料费小计				3.70		

表 2-31　工程量清单综合单价分析表 27

工程名称：某二层框架大学食堂工程　　　　　　标段：　　　　　　第 27 页　共 27 页

项目编码	011406001001	项目名称	抹灰窗油漆	计量单位	m²	工程量	802.08

清单综合单价组成明细

定额编号	定额名称	定额单位	数量	单价				合价			
				人工费	材料费	机械费	管理费和利润	人工费	材料费	机械费	管理费和利润
16-307	内墙面乳胶漆	10m²	0.10	27.44	39.05	—	10.15	2.74	3.91		1.02
人工单价			小　计					2.74	3.91	—	1.02
28 元/工日			未计价材料费					—			
清单项目综合单价								7.67			

（续表）

	主要材料名称、规格、型号	单位	数量	单价/元	合价/元	暂估单价/元	暂估合价/元
材料费明细	乳胶漆	kg	0.34	7.85	2.69		
	801 胶	kg	0.10	2.00	0.20		
	清油	kg	0.04	10.64	0.37		
	羧甲基纤维素	kg	0.02	4.56	0.11		
	大白粉	kg	0.34	0.48	0.16		
	滑石粉	kg	0.34	0.45	0.16		
	白水泥	kg	0.17	0.58	0.10		
	其他材料费			—	0.12	—	
	材料费小计			—	3.91	—	

四、投标报价

（1）投标总价如下所示。

投 标 总 价

招标人：＿＿＿＿某大学学生食堂＿＿＿＿＿＿＿工程

工程名称：＿＿＿某大学学生食堂装饰装修工程＿＿＿

投标总价（小写）：＿＿＿＿950 124.36＿＿＿＿＿

（大写）：＿＿＿玖拾伍万零壹佰贰拾肆元叁角陆分＿＿＿

投标人：＿＿＿＿巨力建筑装饰公司单位公章＿＿＿＿
　　　　　　　　　　（单位盖章）

法定代表人：＿＿＿＿巨力建筑装饰公司＿＿＿＿＿

或其授权人：＿＿＿＿法定代表人＿＿＿＿＿
　　　　　　　　　（签字或盖章）

编制人：＿＿×××签字盖造价工程师或造价员专用章＿＿
　　　　　　（造价人员签字盖专用章）

编制时间：×××× 年××月××日

（2）总说明如下所示,有关投标报价如表2-32～表2-40所示。

总 说 明

工程名称:某大学学生食堂装修工程　　　　　　　　　　　　　第　页 共　页

> 1. 工程概况:
>
> 　　本工程为某大学学生食堂装饰装修工程,为两层钢筋混凝土结构见附图,建筑面积为2827.44m²,200厚加气混凝土砌块,室内外地坪高差450mm。首层分为学生就餐区、厨房、储物间、配电室、厕所等区域,在建筑物南面、东面、西面各有一个学生入口,在建筑物北面有一个员工入口;二层分为学生就餐区、厨房、储物间、微机室、厕所等区域。屋面为不上人屋面。
>
> 　　2. 投标控制价包括范围:
>
> 　　为本次招标的装饰施工图范围内的装饰装修工程。
>
> 　　3. 投标控制价编制依据:
>
> 　　(1)招标文件及其所提供的工程量清单和有关计价的要求,招标文件的补充通知和答疑纪要。
>
> 　　(2)该工程施工图及投标施工组织设计。
>
> 　　(3)有关的技术标准,规范和安全管理规定。
>
> 　　(4)省建设主管部门颁发的计价定额和计价管理办法及有关计价文件。
>
> 　　(5)材料价格采用工程所在地工程造价管理机构年月工程造价信息发布的价格信息,对于造价信息没有发布的材料,其价格参照市场价。

表2-32　建设项目投标报价汇总表

工程名称:某大学学生食堂装修工程　　　　　　标段:　　　　　　第　页 共　页

序号	单项工程名称	金额/元	其中/元		
			暂估价	安全文明施工费	规 费
1	某大学学生食堂装修工程	950 124.36	10 000		
	合　　计	950 124.36	10 000		

注:本表适用于建设项目招标控制价或投标报价的汇总。

表2-33　单项工程投标报价汇总表

工程名称:某大学学生食堂装修工程　　　　　　标段:　　　　　　第　页 共　页

序号	单项工程名称	金额/元	其中/元		
			暂估价	安全文明施工费	规 费
1	某大学学生食堂装修工程	950 124.36	10 000		
	合　　计	950 124.36	10 000		

注:本表适用于单项工程招标控制价或投标报价的汇总。

　　暂估价包括分部分项工程中的暂估价和专业工程暂估价。

表 2-34 单位工程投标报价汇总表

工程名称:某大学学生食堂装修工程　　　　　标段:　　　　　　　第 页 共 页

序 号	汇总内容	金额/元	其中:暂估价/元
1	分部分项工程	655 164.35	10 000
1.1	某大学学生食堂装饰装修工程	655 164.35	10 000
1.2			
1.3			
1.4			
1.5			
2	措施项目	5 641.65	—
2.1	其中:安全文明施工费		
3	其他项目	254 211.21	—
3.1	其中:暂估价	10 000	—
3.2	其中:暂列金额	655 16.435	—
3.3	其中:专业工程暂估价	10 000	—
3.4	其中:计日工	127 747	—
3.5	其中:总承包服务费	409 47.771 88	—
4	规费	3 776.288 107	—
5	税金	313 30.858 29	—
	合计 = 1 + 2 + 3 + 4 + 5	950 124.36	—

注:本表适用于单位工程招标控制价或投标报价的汇总,如无单位工程划分,单项工程也使用本表汇总。

表 2-35 总价措施项目清单与计价表

工程名称:某大学学生食堂装饰装修工程　　　　　标段:　　　　　　　第 页 共 页

序号	项目编码	项目名称	计算基础	费率/%	金额/元	调整费率/%	调整后金额/元	备 注
1		安全文明施工费	人工费 + 机械费 (112 829.081 3)	1.0	112 8.290 813			
2		夜间施工增加费	人工费 + 机械费 (112 829.081)	—				根据工程实际情况
3		已完工程及设备保护费	人工费 + 机械费 (112 829.081 3)					根据工程实际情况
4		缩短工期增加费	人工费 + 机械费 (112 829.081 3)	4	451 3.363 252			
		合　计			5 641.65			

编制人(造价人员):　　　　　　　　　　　复核人(造价工程师):

注:"计算基础"中安全文明施工费可为"定额基价"、"定额人工费"或"定额人工费 + 定额机械费",其他项目可为"定额人工费"或"定额人工费 + 定额机械费"。

按施工方案计算的措施费,若无"计算基础"和"费率"的数值,也可只填"金额"数值,但应在备注栏说明施工方案出处或计算方法。

表 2-36　其他项目清单与计价汇总表

工程名称:某大学学生食堂装饰装修工程　　　　　　　　标段:　　　　　　　　　　　　第　页　共　页

序号	项目名称	金额/元	结算金额/元	备　　注
1	暂列金额	65 516.435		一般按分部分项工程的10%
2	暂估价	10 000		
2.1	材料(工程设备)暂估价/结算价	—		
2.2	专业工程暂估价/结算价	10 000		
3	计日工	127 747		
4	总承包服务费	409 47.771 88		
5	索赔与现场签证	—		
	合　　计	254 211.21		

注:材料(工程设备)暂估单价进入清单项目综合单价,此处不汇总。

表 2-37　暂列金额明细表

工程名称:某大学学生食堂装饰装修工程　　　　　　　　标段:　　　　　　　　　　　　第　页　共　页

编　号	项目名称	计量单位	暂定金额/元	备　　注
1	暂列金额		65 516.435	
2				
3				
4				
5				
6				
7				
8				
9				
10				
11				
	合　　计		65 516.435	—

注:此表由招标人填写,如不能详列,也可只列暂定金额总额,投标人应将上述暂列金额计入投标总价中。

表 2-38　专业工程暂估价及结算价表

工程名称:某大学学生食堂装饰装修工程　　　　　　　　标段:　　　　　　　　　　　　第　页　共　页

序号	工程名称	工程内容	暂估金额/元	结算金额/元	差额±/元	备　注
1	某大学学生食堂装饰装修工程		10 000			
	合　　计		10 000			

注:此表"暂估金额"由招标人填写,投标人应将"暂估金额"计入投标总价中。结算时按合同约定结算金额填写。

表2-39 计 日 工 表

工程名称:某大学学生食堂装饰装修工程　　　　　标段:　　　　　第 页 共 页

编号	项目名称	单位	暂定数量	实际数	综合单价	合　价	
						暂定	实际
一	人工						
1	普工	工日	200		60	12 000	
2	技工(综合)	工日	50		100	5 000	
3							
4							
	人 工 小 计					17 000	
二	材料						
1	大理石	m²	62		150.00	9 300	
2	水泥 42.5	t	60		0.33	20	
3	防火涂料面漆	kg	48		16.20	778	
4	醇酸磁漆 CO4 – 42 大红及付红	kg	82		16.22	1 331	
5	磁砖 152mm × 152mm	百块	66		34.00	2 244	
6	花岗岩	m²	78		250.00	19 500	
7	耐酸砂浆 1:0.15:1.1:1:2.6	m²	25		1 216.00	30 400	
8	乳胶漆(内墙)	kg	553		7.85	4 341	
	材 料 小 计					67 914	
三	施工机械						
1	灰浆搅拌机	台班	2		18.38	37	
2	自升式塔式起重机	台班	5		526.20	2 631	
3							
4							
	施工机械小计					2 668	
	四、企业管理费和利润					40 165	
	总　计					127 747	

注:此表项目名称、暂定数量由招标人填写,编制招标控制价时,单价由招标人按有关计价规定确定;投标时,单价由投标人自主报价,按暂定数量计算合价计入投标总价中。结算时,按发承包双方确认的实际数量计算合价。

表2-40 规费、税金项目计价表

工程名称:某大学学生食堂装饰装修工程　　　　　标段:　　　　　第 页 共 页

序号	项目名称	计算基础	计算基数	计算费率/%	金额/元
1	规费	定额人工费	107 893.945 9	3.5	3 776.288 107
1.1	社会保险费	定额人工费	107 893.945 9	3	3 236.818 377
(1)	养老保险费	定额人工费			
(2)	失业保险费	定额人工费			
(3)	医疗保险费	定额人工费			
(4)	工伤保险费	定额人工费			
(5)	生育保险费	定额人工费			
1.2	住房公积金	定额人工费	107 893.945 9	0.5	539.469 729 5

（续表）

序号	项目名称	计算基础	计算基数	计算费率/%	金额/元
1.3	工程排污费	按工程所在地环境保护部门收取标准,按实计入			
2	税金	分部分项工程费＋措施项目费＋其他项目费＋规费－按规定不计税的工程设备金额	918 793.498 1	3.41	31 330.858 29
	合　　计				35 107.146 39

编制人(造价人员)：　　　　　　　　　　　　　复核人(造价工程师)：

（3）工程量清单综合单价分析见例题中表 2-5～表 2-31 所示。

项目三 某物流配送中心装饰装修

如图 3-1 ~ 图 3-12 所示为某物流配送中心,其装饰装修材料:仓库配送中心和精品仓楼地面为细石混凝土,保安值班室和仓库管理办公室铺 300mm × 300mm 防滑地砖,楼梯面为水泥砂浆,卫生间地面镶贴缸砖,150 mm高的水泥砂浆踢脚线,细石混凝土散水。内墙(柱)1:3 水泥砂浆普通抹灰,外墙贴灰色大理石饰面板,外墙柱表面深色花岗岩挂贴,雨篷顶面做水磨石面层、底面采用乙丙外墙乳胶漆刷漆。M - 1 规格:1 500 × 2 100(4 樘),M - 2 规格:1 800 × 2 100(4 樘),M - 3 规格:900 × 2 100(11 樘),M - 4 规格:900 × 2 100(16 樘),M - 5 规格:3 600 × 2 400(1 樘),C - 1 规格:1 200 × 1 500(10 樘),C - 2 规格:1800 × 1 500(6 樘),C - 3 规格:1 500 × 1 500(54 樘),C - 4 规格:2 100 × 1 500(1 樘)。

一、清单工程量

1. 楼地面工程

1)细石混凝土楼地面

(1)仓库配送中心。

一层:$S = \{(43.5 - 0.1 \times 2) \times (38.4 - 0.1 \times 2) - [(3.96 + 0.1 \times 2) \times (2.8 + 3.8 + 0.1 \times 2) + 3.5 \times (2.8 + 0.1 \times 2)] \times 2 - (3.6 + 4.2) \times 6 \times 2 - 4.2 \times (4.54 + 3.96 - 0.1 \times 2) - (3.5 + 0.2) \times 4.2 - (4.54 + 3.96 + 3.5) \times 4.2\} m^2$

$= [1\ 654.06 - (28.29 + 10.5) \times 2 - 93.6 - 34.86 - 15.54 - 50.4] m^2$

$= 1\ 382.08 m^2$

【注释】　43.5——物流配送中心在Ⓐ轴线的墙长;

　　　　　0.1——1/2 墙厚;

　　　　　2——①轴线和②轴线上的 1/2 墙厚;

　　　　　38.4——物流配送中心在①轴线的墙长;

　　　　　2——Ⓐ轴线和Ⓙ轴线上的 1/2 墙厚;

　　　　　3.96——③轴线和④轴线之间的墙长;

　　　　　2——③轴线和④轴线上的 1/2 墙厚;

　　　　　2.8——Ⓕ轴线和Ⓖ轴线之间的墙长;

　　　　　3.8——Ⓔ轴线和Ⓕ轴线之间墙长;

　　　　　2——Ⓔ轴线和Ⓖ轴线上的 1/2 墙厚;

　　　　　3.5——⑤轴线和④轴线之间的墙长;

　　　　　2——⑤轴线和④轴线上的 1/2 墙厚;

　　　　　2.8——Ⓕ轴线和Ⓖ轴线之间的墙长;

　　　　　2——Ⓕ轴线和Ⓖ轴线上的 1/2 墙厚;

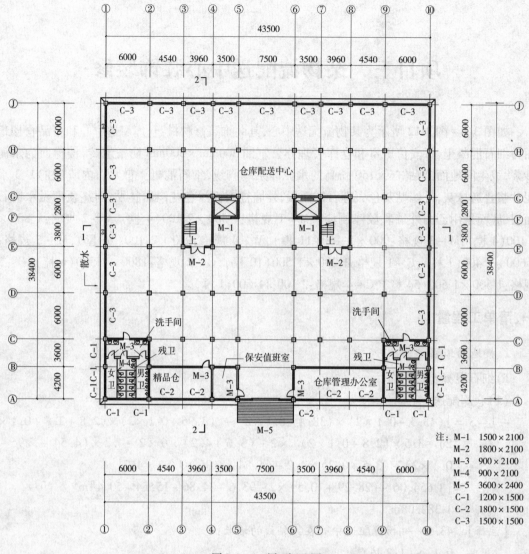

图 3-1　一层平面图

2——两个楼梯和电梯；

3.6——B轴线和C轴线之间的墙长；

4.2——A轴线和B轴线之间的墙长；

6——①轴线和②轴线之间的墙长；

2——两个卫生间；

4.54——②轴线和③轴线之间的墙长；

3.96——④轴线和③轴线之间的墙长；

2——②轴线和④轴线上的1/2墙厚；

3.5——④轴线和⑤轴线之间的墙长；

0.2——⑤轴线上的墙厚；

4.54——⑧轴线和⑨轴线之间的墙长；

3.96——⑧轴线和⑦轴线之间的墙长；

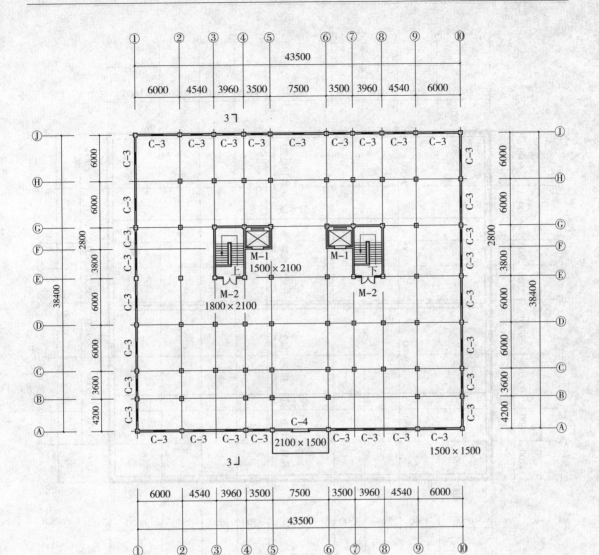

图3-2　二层平面图

3.5——⑥轴线和⑦轴线之间的墙长;

4.2——Ⓐ轴线和Ⓑ轴线之间的墙长。

二层:$S = \{[(43.5 - 0.1 \times 2) \times (38.4 - 0.1 \times 2) - [(3.96 + 0.2) \times (2.8 + 3.8 + 0.2) +$

$\qquad 3.5 \times (2.8 + 0.2)] \times 2\} \, \text{m}^2$

$\qquad = [1\,654.06 - (28.29 + 10.5) \times 2] \, \text{m}^2$

$\qquad = 1\,576.48 \text{m}^2$

【注释】　$(43.5 - 0.1 \times 2) \times (38.4 - 0.1 \times 2)$——整个物流配送中心二层的室内净面积;

$\qquad (3.96 + 0.2) \times (2.8 + 3.8 + 0.2)$——二层楼梯的外围面积;

$\qquad 3.5 \times (2.8 + 0.2)$——二层电梯的外围面积;

$\qquad 2$——两个楼梯和电梯。

(2)精品仓。

$\qquad S = (4.54 + 3.96 - 0.1 \times 2) \times (4.2 - 0.1 \times 2) \, \text{m}^2 = 33.20 \text{m}^2$

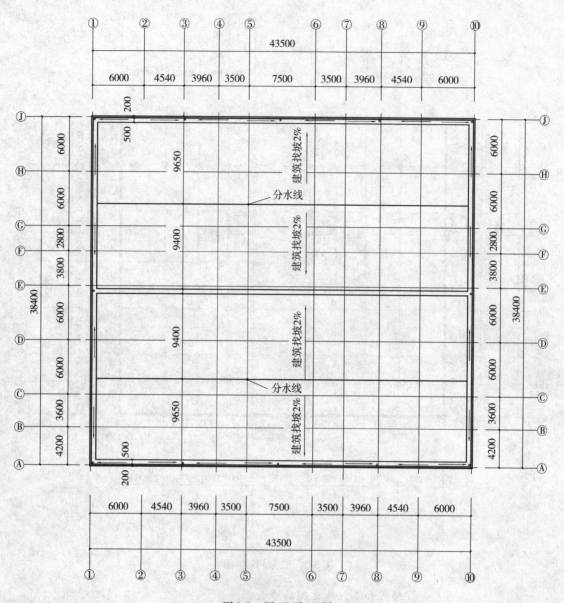

图3-3 屋面平面图

【注释】   4.54 + 3.96——精品仓在Ⓐ轴线上的墙长；

0.1×2——墙厚；

4.2——精品仓在②轴线上的墙长。

(3)散水。

$$S = \left[(43.5 + 0.1 \times 2 + 0.6 \times 2) \times 2 \times 0.6 + (38.4 + 0.1 \times 2) \times 2 \times 0.6 - 0.6 \times 7.5 \right] \mathrm{m}^2$$
$$= (53.88 + 46.32 - 4.5) \ \mathrm{m}^2$$
$$= 95.70 \mathrm{m}^2$$

【注释】   43.5——物流配送中心的横墙中心线长；

0.1×2——墙厚；

0.6——散水的宽度；

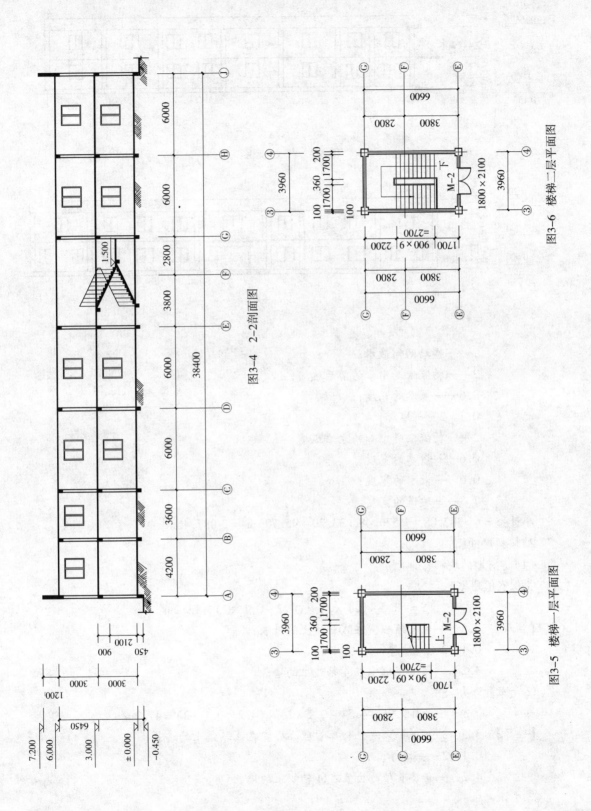

图3-4　2-2剖面图

图3-6　楼梯二层平面图

图3-5　楼梯一层平面图

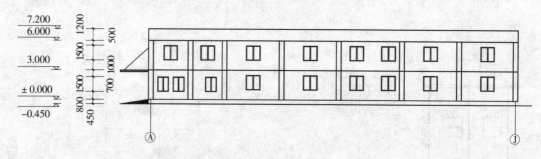

图 3-7　右立面图

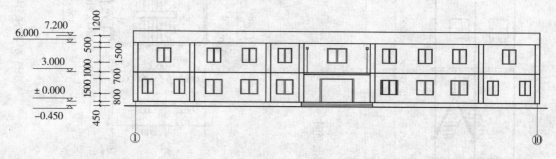

图 3-8　正立面图

2——横墙两侧散水；

2——物流配送中心的前后横墙；

0.6——散水的宽度；

0.1×2——墙厚；

2——物流配送中心的左右纵墙；

0.6——散水的宽度；

0.6——散水的宽度；

7.5——坡道的宽度。

小计：$S = (1\ 382.08 + 1\ 576.48 + 33.20 + 95.70)\,\text{m}^2 = 3\ 087.46\text{m}^2$

2)块料楼地面

(1)防滑地砖块料楼地面。

①保安值班室。

$$S = (3.5 - 0.1 \times 2) \times (4.2 - 0.1 \times 2) = 13.2\text{m}^2$$

【注释】　3.5——保安值班室在Ⓐ轴线上的墙长；

0.1×2——墙厚；

4.2——保安值班室在④轴线上的墙长。

②仓库管理办公室。

$$S = (3.5 + 3.96 + 4.54 - 0.1 \times 2) \times (4.2 - 0.1 \times 2) = 47.2\text{m}^2$$

【注释】　3.5+3.96+4.54——仓库管理办公室在Ⓐ轴线上的墙长；

0.1×2——墙厚；

4.2——仓库管理办公室在④轴线上的墙长。

③小计。

$$S = (13.2 + 47.2)\,\text{m}^2 = 60.4\text{m}^2$$

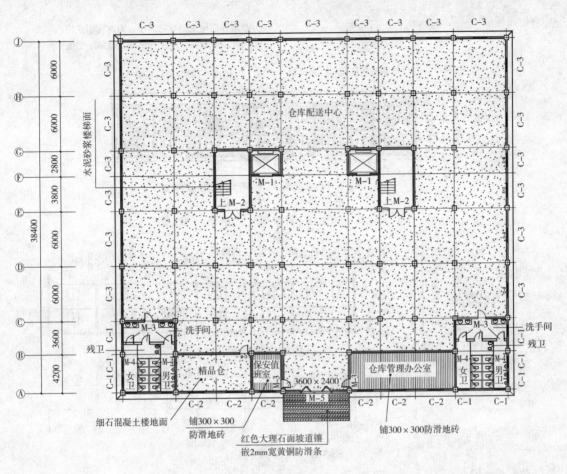

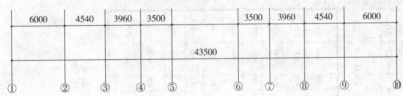

注：M-1 1500×2100　　　M-2 1800×2100

　　M-3 900×2100　　　　M-4 2100×1500

　　M-5 3600×2400

　　C-1 1200×1500　　　C-2 1800×1500

图 3-9　楼地面装修图

（2）镶贴缸砖楼地面。

卫生间工程量：$S = \left[(4.2+3.6-0.1\times2)\times(6-0.1\times2)\times2\right]\mathrm{m}^2 = 88.16\mathrm{m}^2$

【注释】　4.2——卫生间在Ⓐ轴与Ⓑ轴之间的轴间距；

　　　　　3.6——卫生间在Ⓑ轴与Ⓒ轴之间的轴间距；

　　　　　0.1×2——墙厚；

　　　　　6——卫生间在①轴与②轴之间的轴间距；

　　　　　2——有两个卫生间。

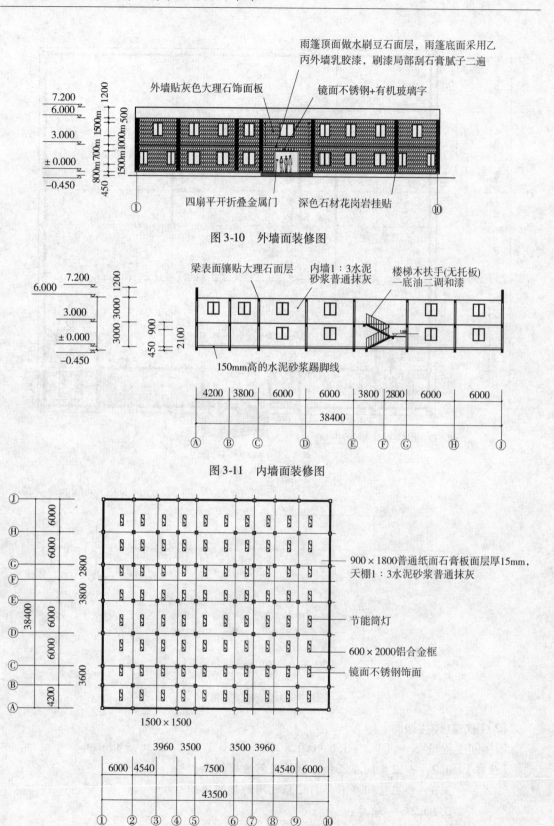

图 3-10　外墙面装修图

图 3-11　内墙面装修图

图 3-12　天棚装修图

3）踢脚线

水泥砂浆踢脚线工程量：

① 一层。

$$S = \{[(43.5-0.1\times2)\times2+(38.4-0.1\times2)\times2]+[(3.6+4.2-0.1\times2)\times2+(6-0.1\times2)\times2-0.2\times2+(6-0.1\times2)]\times2+[(4.54+3.96-0.1\times2)\times2+(4.2-0.1\times2)\times2]+[(3.5-0.1\times2)\times2+(4.2-0.1\times2)\times2]+[(3.5+3.96+4.54-0.1\times2)\times2+(4.2-0.1\times2)\times2]+[(3.96+3.5+0.1\times2)+(3.8+2.8+0.1\times2)+(3.96+0.1\times2)+3.8+3.5+(2.8+0.1\times2)]\times2+[(3.96-0.1\times2)\times2+(3.8+2.8-0.1\times2)\times2]\times2\}\times0.15m^2$$

$$=(163+64.4+24.6+14.6+31.6+57.84+40.64)\times0.15m^2$$

$$=396.68\times0.15m^2$$

$$=59.50m^2$$

【注释】　$(43.5-0.1\times2)\times2$——物流配送中心的前后墙的内墙净长；

$(38.4-0.1\times2)\times2$——物流配送中心的左右墙的内墙净长；

$[(3.6+4.2-0.1\times2)\times2+(6-0.1\times2)\times2-0.2\times2+(6-0.1\times2)]\times2$——两个卫生间的内墙线长；

$[(4.54+3.96-0.1\times2)\times2+(4.2-0.1\times2)\times2]$——精品仓的内墙线净长；

$[(3.5-0.1\times2)\times2+(4.2-0.1\times2)\times2]$——保安值班室的内墙线净长；

$[(3.5+3.96+4.54-0.1\times2)\times2+(4.2-0.1\times2)\times2]$——仓库管理办公室的内墙线净长；

$[(3.96+3.5+0.1\times2)+(3.8+2.8+0.1\times2)+(3.96+0.1\times2)+3.8+3.5+2.8+0.1\times2)]\times2$——两个楼梯和电梯的外墙线长；

$[(3.96-0.1\times2)\times2+(3.8+2.8-0.1\times2)\times2]\times2$——两个楼梯的内墙线长；

0.15——踢脚线高。

②二层。

$$S = \{[(43.5-0.1\times2)\times2+(38.4-0.1\times2)\times2]+[(3.5+0.1\times2)\times2+(2.8+0.1\times2)\times2]\times2\}\times0.15m^2$$

$$=[(86.6+76.4)+(7.4+6)\times2]\times0.15m^2$$

$$=(163+26.8)\times0.15m^2$$

$$=28.47m^2$$

【注释】　$(43.5-0.1\times2)\times2$——物流配送中心的前后墙的内墙净长；

$(38.4-0.1\times2)\times2$——物流配送中心的左右墙的内墙净长；

$[(3.5+0.1\times2)\times2+(2.8+0.1\times2)\times2]\times2$——两个电梯房的外墙线长；

0.15——踢脚线高。

小计：$S=(59.50+28.47)m^2=87.97m^2$

143

4)水泥砂浆楼梯面

楼梯水泥砂浆工程量:$S=(2.2-0.1+2.7+0.25)\times(3.96-0.1\times2)\mathrm{m}^2=18.99\mathrm{m}^2$

【注释】 2.2-0.1——休息平台宽;

　　　　2.7——楼梯踏步宽;

　　　　0.25——梯口梁宽;

　　　　3.96——楼梯两边轴线宽;

　　　　0.1×2——墙厚。

2.墙柱面工程

1)墙面一般抹灰

(1)内墙抹灰工程量。

①一层。

$S=\{[(43.5-0.2\times6+43.5-0.2)+(38.4-0.2\times3)\times2+[(3.6+4.2-0.2\times2)+(6-0.2)\times3+(6-0.1+0.25+3.6+0.25-0.1)]\times2+(4.2-0.2)\times4+(4.54+3.96+3.5-0.2\times2)+(4.54+3.96+3.5-0.1+0.25+4.2-0.1+0.25)\times2+(3.5+3.96+4.54-0.2)+(4.2-0.2)\times4+[3.96+3.5+0.5+2.8+0.25+0.1+3.5+3.8-0.1+0.25+3.96+0.5+3.8+2.8+0.5+(0.25-0.1)\times10\times2]\times2+[(3.96-0.2)\times2+(3.8+2.8-0.2)\times2+(3.5-0.2)\times2+(2.8-0.2)\times2]\times2+(0.25-0.1)\times26\times2\}\times2.88\mathrm{m}^2$

$=457.28\times2.88\mathrm{m}^2=1\ 316.97\mathrm{m}^2$

【注释】 (43.5-0.2×6+43.5-0.2)——物流配送中心的前后墙的内墙净长;

　　　　(38.4-0.1×3)×2——物流配送中心的左右墙的内墙净长;

　　　　(3.6+4.2-0.2×2)+(6-0.2)×3——1个卫生间的内墙线长;

　　　　(6-0.1+0.25+3.6+0.25-0.1)——卫生间的外墙线长;

　　　　[(3.6+4.2-0.2×2)+(6-0.2)×3+(6-0.1+0.25+3.6+0.25-0.1)]×2——2个卫生间的内外墙线长;

　　　　(4.2-0.2)×4+

　　　　(4.54+3.96+3.5-0.2×2)——精品仓和值班室的内墙线净长和;

　　　　(4.54+3.96+3.5-0.1+0.25+4.2-0.1+0.25)×2——精品仓、值班室、仓库管理室的外墙线净长和;

　　　　[(3.5+3.96+4.54-0.2)+(4.2-0.2)×2]——仓库管理室的内墙线净长;

　　　　[3.96+3.5+0.5+2.8+0.25+0.1+3.5+3.8-0.1+0.25+3.96+0.5+3.8+2.8+0.5+(0.25-0.1)×10×2]×2——两个楼梯和电梯的外墙线长及柱侧壁长;

　　　　[(3.96-0.2)×2+(3.8+2.8-0.2)×2+(3.5-0.2)×2+(2.8-0.2)×2]×2——两个楼梯的内墙线长;

　　　　(0.25-0.1)×26×2——其余和墙相连的柱侧壁长;

　　　　2.88——内墙的高度。

②二层。

$S=\{[(43.5-0.2)\times2+(38.4-0.2)\times2]+[3.96+3.5+0.5+2.8+0.25+0.1+3.5+3.8-0.1+0.25+3.96+0.5+3.8+2.8+0.5+(0.25-0.1)\times10\times2]\times2+$

$$(0.25-0.1)\times 25\times 2]\times 2.88m^2$$
$$=236.74\times 2.88m^2=681.81m^2$$

【注释】　$(43.5-0.1\times 2)\times 2$——物流配送中心的前后墙的内墙净长；

$(38.4-0.1\times 2)\times 2$——物流配送中心的左右墙的内墙净长；

$[3.96+3.5+0.5+2.8+0.25+0.1+3.5+3.8-0.1+0.25+3.96+0.5+$

$3.8+2.8+0.5+$

$(0.25-0.1)\times 10\times 2]\times 2$——两个电梯房的外墙线长及相应柱侧壁长；

$(0.25-0.1)\times 25\times 2$——与外墙相连柱侧壁长

2.88——内墙的高度。

③门窗洞口。

$$S=(1.5\times 2.1\times 4+1.8\times 2.1\times 4\times 2+0.9\times 2.1\times 11\times 2+3.6\times 2.4\times 1)m^2$$
$$=(12.6+30.24+41.58+8.64)m^2$$
$$=93.06m^2$$

【注释】　1.5×2.1——M-1 的规格；

4——有四樘 M-1；

1.8×2.1——M-2 的规格；

4——有四樘 M-2；

2——M-2 所在内外墙抹灰计算了两次；

0.9×2.1——M-3 的规格；

11——有 11 樘 M-3；

2——M-3 所在内外墙抹灰计算了两次；

3.6×2.4——M-5 的规格；

1——有 1 樘 M-5。

④小计。
$$S=(1\,316.97+681.81-93.06)m^2=1\,905.72m^2$$

(2)外墙面抹灰工程量。
$$S=[(43.5+0.25\times 2)\times 2+(38.4+0.25\times 2)\times 2+(0.25-0.1)\times 29\times 2]\times(6+0.45)m^2$$
$$=174.50\times 6.45m^2=1\,125.53m^2$$

【注释】　$(43.5+0.25\times 2)\times 2$——物流配送中心的横墙外墙线长；

$(38.4+0.25\times 2)\times 2$——物流配送中心的纵墙外墙线长；

$(0.25-0.1)\times 29\times 2$——外墙相连柱侧壁；

$6+0.45$——外墙(柱)面抹灰高。

2)柱面一般抹灰

柱子一般抹灰：$S=(28\times 4+35\times 4)\times 2.88m^2=725.76m^2$

【注释】　28×4——一层室内柱子的抹灰周长；

35×4——二层室内柱子的抹灰周长；

2.88——室内柱子净高。

3)零星项目装饰抹灰

雨篷顶面做水磨石面层：$S=7.5\times 3m^2=22.5m^2$

【注释】　7.5×3——雨篷的水平投影面积。

4)石材墙面

外墙贴大理石饰面板工程量：

$$S = [(43.5 + 0.1 \times 2) \times 2 + (38.4 + 0.1 \times 2) \times 2 - 0.5 \times 24 - (0.5 - 0.15) \times 2 \times 4] \times$$
$$(6 + 0.45)\, \text{m}^2$$
$$= 149.8 \times 6.45\, \text{m}^2 = 966.21\, \text{m}^2$$

【注释】　$(43.5 + 0.1 \times 2) \times 2$——物流配送中心的横墙外墙线长；

$(38.4 + 0.1 \times 2) \times 2$——物流配送中心的纵墙外墙线长；

0.5×24——外墙轴线上24根柱子的正面长度；

$(0.5 - 0.15) \times 2 \times 4$——外墙转角处4根柱子遮挡的墙面长；

$6 + 0.45$——外墙(柱)面抹灰高。

5)石材柱面

室外柱子石材花岗岩挂贴：

$$S = [24 \times (0.5 - 0.2 + 0.5) + 4 \times (0.5 + 0.5 + 0.15 \times 2)] \times (6 + 0.45)\, \text{m}^2$$
$$= (19.2 + 5.2) \times 6.45\, \text{m}^2$$
$$= 24.4 \times 6.45\, \text{m}^2 = 157.38\, \text{m}^2$$

【注释】　$24 \times (0.5 - 0.2 + 0.5)$——外墙轴线上24根柱子的正面和两侧面长；

$4 \times (0.5 + 0.5 + 0.15 \times 2)$——外墙转角处4根柱子外露墙外的边长和；

$(6 + 0.45)$——柱高。

3. 天棚工程

1)天棚抹灰

(1)一层。

$$S = \{(43.5 - 0.1 \times 2) \times (38.4 - 0.1 \times 2) - [(3.96 + 0.2) \times (2.8 + 3.8 + 0.2) + 3.5 \times$$
$$(2.8 + 0.2)] \times 2 - [4.2 \times 0.2 \times 5 + 3.6 \times 0.2 \times 2 + 6 \times 0.2 \times 4 + (4.54 + 3.96) \times 0.$$
$$2 + 3.5 \times 0.2 + (3.5 + 3.96 + 4.54) \times 0.2] + 0.3 \times (43.5 - 0.2) \times 2 \times 6\}\, \text{m}^2$$
$$= (1\,650.24 - 77.58 - 15.24 + 155.88)\, \text{m}^2$$
$$= 1\,713.3\, \text{m}^2$$

【注释】　$(43.5 - 0.1 \times 2) \times (38.4 - 0.1 \times 2)$——物流配送中心的顶棚总面积；

$[(3.96 + 0.2) \times (2.8 + 3.8 +$

$0.2) + 3.5 \times (2.8 + 0.2)] \times 2$——楼梯间和电梯间的面积；

$[4.2 \times 0.2 \times 5 + 3.6 \times 0.2 \times 2 + 6 \times 0.2 \times 4 + (4.54 + 3.96) \times 0.2 + 3.5 \times 0.2 +$

$3.5 + 3.96 + 4.54 \times 0.2]$——一层内墙所占面积；

$0.3 \times (43.5 - 0.2) \times 2 \times 6$——横向6根梁两侧的基层抹灰面积。

(2)二层。

$$S = [(43.5 - 0.1 \times 2) \times (38.4 - 0.1 \times 2) + 0.3 \times (43.5 - 0.2) \times 2 \times 6]\, \text{m}^2$$
$$= (1\,650.24 + 155.88)\, \text{m}^2$$
$$= 1\,806.12\, \text{m}^2$$

【注释】　$(43.5 - 0.1 \times 2) \times (38.4 - 0.1 \times 2)$——物流配送中心的顶棚总面积，

$0.3 \times (43.5 - 0.2) \times 2 \times 6$——横向6根梁两侧的基层抹灰面积。

(3)小计。

$S = (1\ 713.3 + 1\ 806.12)\,\text{m}^2 = 3\ 519.42\text{m}^2$

2)石膏板天棚面层

(1)一层。

$S = \{(43.5 - 0.1 \times 2) \times (38.4 - 0.1 \times 2) - [(3.96 + 0.2) \times (2.8 + 3.8 + 0.2) + 3.5 \times$

$\quad (2.8 + 0.2)] \times 2 - [4.2 \times 0.2 \times 5 + 3.6 \times 0.2 \times 2 + 6 \times 0.2 \times 4 + (4.54 + 3.96) \times 0.$

$\quad 2 + 3.5 \times 0.2 + (3.5 + 3.96 + 4.54) \times 0.2] + 0.3 \times (43.5 - 0.2) \times 2 \times 6\}\,\text{m}^2$

$\quad = (1\ 650.24 - 75.88 - 15.24 + 155.88)\,\text{m}^2$

$\quad = 1\ 713.3\text{m}^2$

【注释】　$(43.5 - 0.1 \times 2) \times (38.4 - 0.1 \times 2)$——物流配送中心的顶棚总面积；

$[(3.96 + 0.2) \times (2.8 + 3.8 +$

$0.2) + 3.5 \times (2.8 + 0.2)] \times 2$——楼梯间和电梯间的面积；

$[4.2 \times 0.2 \times 5 + 3.6 \times 0.2 \times 2 + 6 \times 0.2 \times 4 + (4.54 + 3.96) \times 0.2 + 3.5 \times 0.2 +$

$(3.5 + 3.96 + 4.54) \times 0.2]$——一层内墙所占面积；

$0.3 \times (43.5 - 0.2) \times 2 \times 6$——横向6根梁两侧的基层抹灰面积。

(2)二层。

$S = [(43.5 - 0.1 \times 2) \times (38.4 - 0.1 \times 2) + 0.3 \times (43.5 - 0.2) \times 2 \times 6]\,\text{m}^2$

$\quad = (1\ 650.24 + 155.88)\,\text{m}^2 = 1\ 806.12\text{m}^2$

【注释】　$(43.5 - 0.1 \times 2) \times (38.4 - 0.1 \times 2)$——物流配送中心的顶棚总面积；

$0.3 \times (43.5 - 0.2) \times 2 \times 6$——横向6根梁两侧的基层抹灰面积。

小计：$S = (1\ 713.3 + 1\ 806.12)\,\text{m}^2 = 3\ 519.42\text{m}^2$

4.门窗工程

1)门工程量

(1)金属门。

①金属推拉门：M-1(1 500×2 100)　　4 樘

②金属平开门：M-2(1 800×2 100)　　4 樘

　　　　　　　M-3(900×2 100)　　11 樘

　　　　　　　M-4(900×2 100)　　16 樘

(2)金属卷帘门。

防火卷帘门：M-5(3 600×2 400)　　1 樘

2)窗工程量

(1)木质平开窗：C-1(1 200×1 500)　　10 樘

　　　　　　　C-2(1 800×1 500)　　6 樘

　　　　　　　C-3(1 500×1 500)　　54 樘

(2)木质百叶窗：C-4(2 100×1 500)　　1 樘

5.油漆、涂料、裱糊工程

1)窗油漆

(1)木质平开窗：C-1　　$1.2 \times 1.5 \times 10\text{m}^2 = 18\text{m}^2$

　　　　　　　C-2　　$1.8 \times 1.5 \times 6\text{m}^2 = 13.5\text{m}^2$

　　　　　　　C-3　　$1.5 \times 1.5 \times 51\text{m}^2 = 114.75\text{m}^2$

(2)木质百叶窗:C-4 $2.1 \times 1.5 \times 1m^2 = 3.15m^2$

【注释】 1.2×1.5——C-1 的规格;

　　　　10——有 10 樘 C-1;

　　　　1.8×1.5——C-2 的规格;

　　　　6——有 6 樘 C-2;

　　　　1.5×1.5——C-3 的规格;

　　　　51——有 51 樘 C-3;

　　　　2.1×1.5——C-4 的规格;

　　　　1——有 1 樘 C-4。

2)金属门油漆

(1)金属门。

①金属推拉门:M-1 $1.5 \times 2.1 \times 4m^2 = 12.6m^2$

②金属平开门:M-2 $1.8 \times 2.1 \times 4m^2 = 15.12m^2$

　　　　　　M-3 $0.9 \times 2.1 \times 11m^2 = 20.79m^2$

　　　　　　M-4 $0.9 \times 2.1 \times 16m^2 = 30.24m^2$

(2)金属卷帘门。

防火卷帘门:M-5 $3.6 \times 2.4 \times 1m^2 = 8.64m^2$

【注释】 1.5×2.1——M-1 的面积;

　　　　1.8×2.1——M-2 的面积;

　　　　0.9×2.1——M-3 的面积;

　　　　0.9×2.1——M-4 的面积;

　　　　3.6×2.4——M-5 的面积;

　　　　4——有 4 樘 M-1,4 樘 M-2;

　　　　11——有 11 樘 M-3;

　　　　16——有 16 樘 M-4;

　　　　1——有 1 樘 M-5。

3)木扶手油漆

木扶手油漆工程量:$L = 2 \times \sqrt{(2.7 + 0.18)^2 + 1.5^2} \times 2.6m = 16.89m$

【注释】   2——两段扶手;

　　　　$2.7 + 0.18$——楼梯扶手水平投影长度;

　　　　1.5——地面至休息平台的扶手高度;

　　　　2.6——扶手栏杆带托板的折算系数。

4)抹灰面油漆

底面采用乙丙外墙乳胶漆刷漆:$S = 7.5 \times 3m^2 = 22.5m^2$

【注释】 7.5×3——雨篷的水平投影面积。

6.其他工程

1)浴厕配件

洗漱台:$S = (0.6 \times 1.765 \times 4 + 0.44 \times 0.52 \times 2)m^2$

　　　　$= (4.24 + 0.46)m^2 = 4.7m^2$

【注释】　0.6——一个洗漱台的宽；

　　　　　1.765——一个洗漱台的长；

　　　　　4——有4个这种规格的洗漱台；

　　　　　0.44——残卫里面洗漱台的宽；

　　　　　0.52——残卫里面洗漱台的长；

　　　　　2——有2个这种规格的洗漱台。

2)美术字

有机玻璃字　4个

清单工程量计算如表3-1所示。

表3-1　清单工程量计算表

序号	项目编码	项目名称	项目特征描述	计算单位	工程量
1	011101003001	细石混凝土楼地面	100mm厚砂石垫层,20mm厚水泥砂浆找平层,20mm厚细石混凝土面层	m²	3 087.46
2	011102003001	防滑地砖块料楼地面	100mm厚砂石垫层,20mm厚水泥砂浆找平层,15mm厚防滑地砖面层300mm×300mm	m²	60.40
3	011102003002	镶贴缸砖块料楼地面	100mm厚砂石垫层,20mm厚水泥砂浆找平层,15mm厚缸砖面层150mm×150mm	m²	88.16
4	011105001001	水泥砂浆踢脚线	1:3水泥砂浆踢脚线,150mm高	m²	87.97
5	011106004001	水泥砂浆楼梯面	20mm厚1:2.5水泥砂浆楼梯面层	m²	18.99
6	011201001001	墙面一般抹灰(内墙)	1:3水泥砂浆普通抹灰,内墙	m²	1 905.72
7	011201001002	墙面一般抹灰(外墙)	1:3水泥砂浆普通抹灰,外墙	m²	1 125.53
8	011202001001	柱面一般抹灰	1:3水泥砂浆普通抹灰,方柱	m²	725.76
9	011203002001	零星项目装饰抹灰	雨篷顶面做水刷豆石面层	m²	22.50
10	011204001001	石材墙面	外墙贴大理石饰面板500mm×500mm	m²	966.21
11	011205001001	石材柱面	室外柱子花岗岩挂贴	m²	157.38
12	011301001001	天棚抹灰	天棚1:3水泥砂浆普通抹灰	m²	3 519.42
13	011302001001	石膏板天棚面层	900mm×1 800mm普通纸面石膏板(15mm厚)	m²	3 519.42
14	010802001001	金属平开门(1 800mm×2 100mm)	1 800mm×2 100mm双扇平开门(全开表示门厚)	樘	4
15	010802001002	金属平开门(900mm×2 100mm)	900mm×2 100mm单扇平开门(全开表示门厚)	樘	11
16	010802001003	金属平开门(900mm×2 100mm)	900mm×2 100mm单扇平开门(半开)	樘	16
17	010802001004	金属推拉门	1 500mm×2 100mm中分电梯门	樘	4
18	010803002001	防火卷帘门	3 600mm×2 400mm防火卷帘门	樘	1
19	010806001001	木质平开窗(1 200mm×1 500mm)	1 200mm×1 500mm双扇无亮子	樘	10

(续表)

序号	项目编码	项目名称	项目特征描述	计算单位	工程量
20	010806001002	木质平开窗 (1 800mm×1 500mm)	1 800mm×1 500mm 双扇无亮子	樘	6
21	010806001003	木质平开窗 (1 500mm×1 500mm)	1 500mm×1 500mm 双扇无亮子	樘	54
22	010806001004	木质百叶窗	2 100mm×1 500mm 矩形开扇	樘	1
23	011402001001	窗油漆 (1 200mm×1 500mm)	1 200mm×1 500mm 木质推拉窗,单层木窗油调和漆,一底油,二调和漆	m²	18.00
24	011402001002	窗油漆 (1 800mm×1 500mm)	1 800mm×1 500mm 木质推拉窗,单层木窗油调和漆,一底油,二调和漆	m²	13.50
25	011402001003	窗油漆 (1 500mm×1 500mm)	1 500mm×1 500mm 木质推拉窗,单层木窗油调和漆,一底油,二调和漆	m²	114.75
26	011402001004	窗油漆 (2 100mm×1 500mm)	2 100mm×1 500mm 木质百叶窗,单层木窗油调和漆,一底油,二调和漆	m²	3.15
27	011403001001	木扶手油漆	楼梯木扶手(无托板)一底油二调和漆	m	16.89
28	011401002001	金属门油漆 (1 800mm×2 100mm)	1 800mm×2 100mm 双扇平开门(全开表示门厚)红丹防锈漆一遍	m²	15.12
29	011401002002	金属门油漆 (900mm×2 100mm)	900mm×2 100mm 单扇平开门(全开表示门厚)红丹防锈漆一遍	m²	20.79
30	011401002003	金属门油漆 (900mm×2 100mm)	900mm×2 100mm 单扇平开门(半开)红丹防锈漆一遍	m²	30.24
31	011401002004	金属门油漆 (1 500mm×2 100mm)	1 500mm×2 100mm 中分推拉电梯门红丹防锈漆一遍	m²	12.60
32	011401002005	金属门油漆 (3 600mm×2 400mm)	3 600mm×2 400mm 防火卷帘门,红丹防锈漆一遍	m²	8.64
33	011406001001	抹灰面油漆	雨篷底面采用乙丙外墙乳胶漆刷漆,局部刮石膏腻子二遍	m²	22.50
34	011505001001	洗漱台	大理石洗漱台单孔	m²	4.70
35	011508002001	有机玻璃字	有机玻璃字安装(每个字面积在 0.2m³ 以内)	个	4

二、定额工程量(套用《河南省建设工程工程量清单综合单价(2008) B. 装饰装修工程》)

1. 楼地面工程

1)细石混凝土楼地面

(1)面层工程量。

①仓库配送中心。

一层:$S = 1 382.08m^2$

【注释】 定额工程量与清单工程量计算规则相同。

二层:$S = 1 576.48m^2$

【注释】 定额工程量与清单工程量计算规则相同。

②精品仓:$S = 33.20m^2$

【注释】 定额工程量与清单工程量计算规则相同。

③散水：$S = 95.70\text{m}^2$

【注释】 定额工程量与清单工程量计算规则相同。

④小计。

$$S = (1\,382.08 + 1\,576.48 + 33.20 + 95.70)\text{m}^2 = 3\,087.46\text{m}^2$$

套用《河南省建设工程工程量清单综合单价(2008) B. 装饰装修工程》1-17、1-18。

(2)找平层工程量同面层工程量。

$$S = 3\,087.46\text{m}^2$$

套用《河南省建设工程工程量清单综合单价(2008) A. 建筑工程》(上册)7-206。

(3)垫层工程量。

$$V = (1\,382.08 + 33.20 + 1\,576.48 + 95.70)\text{m}^2 \times 0.1\text{m} = 308.75\text{m}^3$$

套用《河南省建设工程工程量清单综合单价(2008) B. 装饰装修工程》1-139

2)块料楼地面

(1)防滑地砖块料楼地面。

①保安值班室。

$$S = (3.5 - 0.1 \times 2) \times (4.2 - 0.1 \times 2) = 13.2\text{m}^2$$

【注释】 定额工程量与清单工程量计算规则相同。

②仓库管理办公室。

$$S = (3.5 + 3.96 + 4.54 - 0.1 \times 2) \times (4.2 - 0.1 \times 2) = 47.2\text{m}^2$$

【注释】 定额工程量与清单工程量计算规则相同。

③小计。

$$S = (13.2 + 47.2)\text{m}^2 = 60.4\text{m}^2$$

套用《河南省建设工程工程量清单综合单价(2008) B. 装饰装修工程》1-36。

防滑地砖找平层工程量：$S = 60.4\text{m}^2$

套用《河南省建设工程工程量清单综合单价(2008) A. 建筑工程》(上册)7-206。

防滑地砖垫层工程量：$S = 60.4 \times 0.1\text{m}^2 = 6.04\text{m}^3$

套用《河南省建设工程工程量清单综合单价(2008) B. 装饰装修工程》1-139。

(2)镶贴缸砖楼地面。

①卫生间工程量：

$$S = [(4.2 + 3.6 - 0.1 \times 2) \times (6 - 0.1 \times 2) \times 2]\text{m}^2 = 88.16\text{m}^2$$

【注释】 定额工程量与清单工程量计算规则相同。

套用《河南省建设工程工程量清单综合单价(2008) B. 装饰装修工程》1-45。

②镶贴缸砖找平层工程量。

$$S = 88.16\text{m}^2$$

套用《河南省建设工程工程量清单综合单价(2008) A. 建筑工程》(上册)7-206。

③镶贴缸砖垫层工程量。

$$V = 88.16 \times 0.1\text{m}^2 = 8.82\text{m}^3$$

套用《河南省建设工程工程量清单综合单价(2008) B. 装饰装修工程》1-139。

3)踢脚线

水泥砂浆踢脚线工程量：

(1)一层。

$$S = \{[(43.5 - 0.1 \times 2) \times 2 + (38.4 - 0.1 \times 2) \times 2] + [(3.6 + 4.2 - 0.1 \times 2) \times 2 + (6 - 0.1 \times 2) \times 2 - 0.2 \times 2 + (6 - 0.1 \times 2)] \times 2 + [(4.54 + 3.96 - 0.1 \times 2) \times 2 + (4.2 - 0.1 \times 2) \times 2] + [(3.5 - 0.1 \times 2) \times 2 + (4.2 - 0.1 \times 2) \times 2] + [(3.5 + 3.96 + 4.54 - 0.1 \times 2) \times 2 + (4.2 - 0.1 \times 2) \times 2] + [(3.96 + 3.5 + 0.1 \times 2) + (3.8 + 2.8 + 0.1 \times 2) + (3.96 + 0.1 \times 2) + 3.8 + 3.5 + (2.8 + 0.1 \times 2)] \times 2 + [(3.96 - 0.1 \times 2) \times 2 + (3.8 + 2.8 - 0.1 \times 2) \times 2] \times 2\} \times 0.15 \text{m}^2$$

$$= (163 + 64.4 + 24.6 + 14.6 + 31.6 + 57.84 + 40.64) \times 0.15 \text{m}^2$$

$$= 396.68 \times 0.15 \text{m}^2 = 59.50 \text{m}^2$$

【注释】 $(43.5 - 0.1 \times 2) \times 2$——物流配送中心的前后墙的内墙净长；

$(38.4 - 0.1 \times 2) \times 2$——物流配送中心的左右墙的内墙净长；

$[(3.6 + 4.2 - 0.1 \times 2) \times 2 + (6 - 0.1 \times 2) \times 2 - 0.2 \times 2 + (6 - 0.1 \times 2)] \times 2$——两个卫生间的内墙线长；

$[(4.54 + 3.96 - 0.1 \times 2) \times 2 + (4.2 - 0.1 \times 2) \times 2]$——精品仓的内墙线净长；

$[(3.5 - 0.1 \times 2) \times 2 + (4.2 - 0.1 \times 2) \times 2]$——保安值班室的内墙线净长；

$[(3.5 + 3.96 + 4.54 - 0.1 \times 2) \times 2 + (4.2 - 0.1 \times 2) \times 2]$——仓库管理办公室的内墙线净长；

$[(3.96 + 3.5 + 0.1 \times 2) + (3.8 + 2.8 + 0.1 \times 2) + (3.96 + 0.1 \times 2) + 3.8 + 3.5 + (2.8 + 0.1 \times 2)] \times 2$——两个楼梯和电梯的外墙线长；

$[(3.96 - 0.1 \times 2) \times 2 + (3.8 + 2.8 - 0.1 \times 2) \times 2] \times 2$——两个楼梯的内墙线长；

0.15——踢脚线高。

(2)二层。

$$S = \{[(43.5 - 0.1 \times 2) \times 2 + (38.4 - 0.1 \times 2) \times 2] + [(3.5 + 0.1 \times 2) \times 2 + (2.8 + 0.1 \times 2) \times 2] \times 2\} \times 0.15 \text{m}^2$$

$$= [(86.6 + 76.4) + (7.4 + 6) \times 2] \times 0.15 \text{m}^2$$

$$= (163 + 26.8) \times 0.15 \text{m}^2$$

$$= 28.47 \text{m}^2$$

【注释】 $(43.5 - 0.1 \times 2) \times 2$——物流配送中心的前后墙的内墙净长；

$(38.4 - 0.1 \times 2) \times 2$——物流配送中心的左右墙的内墙净长；

$[(3.5 + 0.1 \times 2) \times 2 + (6 + 2.8 + 0.1 \times 2) \times 2] \times 2$——两个电梯房的外墙线长；

0.15——踢脚线高。

(3)门窗洞口。

$$S = (1.5 \times 4 + 1.8 \times 4 \times 2 + 0.9 \times 11 \times 2 + 3.6 \times 1) \times 0.15 \text{m}^2 = 43.8 \times 0.15 \text{m}^2 = 6.57 \text{m}^2$$

【注释】 1.5——M - 1 的宽；

4——有四樘 M - 1；

1.8——M - 2 的宽；

4——有 4 樘 M - 2；

2——M-2 所在内外墙踢脚线计算了两次;

0.9——M-3 的宽;

11——有 11 樘 M-3;

2——M-3 所在内外墙踢脚线计算了两次;

3.6——M-5 的宽;

1——有 1 樘 M-5。

小计:$S = (59.50 + 28.47 - 6.57) = 81.40\text{m}^2$

套用《河南省建设工程工程量清单综合单价(2008) B. 装饰装修工程》1-70。

4)水泥砂浆楼梯面

楼梯水泥砂浆定额工程量计算规则与清单工程量计算规则相同,则工程量:$S = 18.99\text{m}^2$。

套用《河南省建设工程工程量清单综合单价(2008) B. 装饰装修工程》1-91。

2. 墙柱面工程

1)墙面一般抹灰

(1)内墙抹灰工程量。

① 一层:$S = 1\ 316.97\text{m}^2$

【注释】 定额计算规则与清单计算规则相同。

②二层:$S = 681.81\text{m}^2$

【注释】 定额计算规则与清单计算规则相同。

③门窗洞口:$S = 77.94\text{m}^2$

【注释】 定额计算规则与清单计算规则相同。

④小计:$S = (1\ 316.97 + 681.81 - 93.06)\text{m}^2 = 1\ 905.72\text{m}^2$

套用《河南省建设工程工程量清单综合单价(2008) B. 装饰装修工程》2-16。

(2)外墙面抹灰工程量:

$$S = 1\ 125.53\text{m}^2$$

【注释】 定额计算规则与清单计算规则相同。

套用《河南省建设工程工程量清单综合单价(2008) B. 装饰装修工程》2-16。

2)柱面一般抹灰

柱子一般抹灰:$S = (28 \times 4 + 35 \times 4) \times 2.88\text{m}^2 = 725.76\text{m}^2$

【注释】 定额计算规则与清单计算规则相同。

套用《河南省建设工程工程量清单综合单价(2008) B. 装饰装修工程》2-48。

3)零星项目装饰抹灰

雨篷顶面做水磨石面层定额工程量计算规则与清单工程量计算规则相同。

工程量:$S = 22.5\text{m}^2$

套用《河南省建设工程工程量清单综合单价(2008) B. 装饰装修工程》2-57。

4)石材墙面

外墙贴大理石饰面板工程量:$S = 966.21\text{m}^2$

【注释】 定额工程量与清单工程量计算规则相同。

套用《河南省建设工程工程量清单综合单价(2008) B. 装饰装修工程》2-65。

5)石材柱面

室外柱子花岗岩挂贴: $S = 157.38 \text{m}^2$

【注释】 定额计算规则与清单计算规则相同。

套用《河南省建设工程工程量清单综合单价(2008) B. 装饰装修工程》2-97。

3. 天棚工程

1)天棚抹灰

(1)一层: $S = 1\,713.3 \text{m}^2$

【注释】 定额工程量与清单工程量计算规则相同。

(2)二层: $S = 1\,806.12 \text{m}^2$

【注释】 定额工程量与清单工程量计算规则相同。

(3)小计: $S = (1\,713.3 + 1\,806.12) \text{m}^2 = 3\,519.42 \text{m}^2$

套用《河南省建设工程工程量清单综合单价(2008) B. 装饰装修工程》3-11。

2)石膏板天棚面层

(1)一层: $S = 1\,713.3 \text{m}^2$

【注释】 定额工程量与清单工程量计算规则相同。

(2)二层: $S = 1\,806.12 \text{m}^2$

【注释】 定额工程量与清单工程量计算规则相同。

(3)小计: $S = (1\,713.3 + 1\,806.12) \text{m}^2 = 3\,519.42 \text{m}^2$

套用《河南省建设工程工程量清单综合单价(2008) B. 装饰装修工程》3-79。

4. 门窗工程

1)门工程量

(1)金属门。

①金属推拉门 M-1。

$$S = 1.5 \times 2.1 \times 4 \text{m}^2 = 12.6 \text{m}^2$$

套用《河南省建设工程工程量清单综合单价(2008) B. 装饰装修工程》4-12。

②金属平开门: M-2 $\quad 1.8 \times 2.1 \times 4 \text{m}^2 = 15.12 \text{m}^2$

$\qquad\qquad\qquad$ M-3 $\quad 0.9 \times 2.1 \times 11 \text{m}^2 = 20.79 \text{m}^2$

$\qquad\qquad\qquad$ M-4 $\quad 0.9 \times 2.1 \times 16 \text{m}^2 = 30.24 \text{m}^2$

套用《河南省建设工程工程量清单综合单价(2008) B. 装饰装修工程》4-11。

(2)金属卷帘门。

防火卷帘门: M-5 $\quad 3.6 \times 2.4 \times 1 \text{m}^2 = 8.64 \text{m}^2$

套用《河南省建设工程工程量清单综合单价(2008) B. 装饰装修工程》4-27。

【注释】 1.5×2.1——M-1 的规格;

$\qquad\qquad$ 4——有 4 樘 M-1;

$\qquad\qquad$ 1.8×2.1——M-2 的规格;

$\qquad\qquad$ 4——有 4 樘 M-2;

$\qquad\qquad$ 0.9×2.1——M-3 的规格;

$\qquad\qquad$ 11——有 11 樘 M-3;

$\qquad\qquad$ 0.9×2.1——M-4 的规格;

$\qquad\qquad$ 16——有 16 樘 M-4;

3.6×2.4——M-5 的规格；

1——有 1 樘 M-5。

2）窗工程量

（1）木质平开窗：C-1　$1.2 \times 1.5 \times 10m^2 = 18m^2$

C-2　$1.8 \times 1.5 \times 6m^2 = 13.5m^2$

C-3　$1.5 \times 1.5 \times 51m^2 = 114.75m^2$

套用《河南省建设工程工程量清单综合单价（2008）B.装饰装修工程》4-43。

（2）木质百叶窗：C-4　$2.1 \times 1.5 \times 1m^2 = 3.15m^2$

套用《河南省建设工程工程量清单综合单价（2008）B.装饰装修工程》4-50。

【注释】　1.2×1.5——C-1 的规格；

10——有 10 樘 C-1；

1.8×1.5——C-2 的规格；

6——有 6 樘 C-2；

1.5×1.5——C-3 的规格；

51——有 51 樘 C-3；

2.1×1.5——C-4 的规格；

1——有 1 樘 C-4。

5.油漆、涂料、裱糊工程

1）窗油漆

窗油漆定额工程量计算规则同清单工程量计算规则，工程量为

（1）木质平开窗：C-1（1.2×1.5）　$18m^2$

C-2（1.8×1.5）　$13.5m^2$

C-3（1.5×1.5）　$114.75m^2$

（2）木质百叶窗：C-4（2.1×1.5）　$3.15 \times 1.50m^2 = 4.73m^2$

【注释】　1.2×1.5——C-1 的规格；

1.8×1.5——C-2 的规格；

1.5×1.5——C-3 的规格；

2.1×1.5——C-4 的规格；

1.50——木百叶窗的折算系数。

套用《河南省建设工程工程量清单综合单价（2008）B.装饰装修工程》5-23。

2）金属门油漆

金属门油漆的定额工程量计算规则同清单计算规则，则工程量为：

（1）金属门。

①金属推拉门：M-1（1.5×2.1）　$12.60m^2$

②金属平开门：M-2（1.8×2.1）　$15.12m^2$

M-3（0.9×2.1）　$20.79m^2$

M-4（0.9×2.1）　$30.24m^2$

（2）金属卷帘门。

防火卷帘门：M-5（3.6×2.4）　$3.6 \times 2.4 \times 1 \times 2.3m^2 = 19.87m^2$

【注释】　1.5×2.1——M-1 的规格；

1.8×2.1——M – 2 的规格；

0.9×2.1——M – 3 的规格；

0.9×2.1——M – 4 的规格；

3.6×2.4——M – 5 的规格；

2.3——钢折叠门的折算系数。

套用《河南省建设工程工程量清单综合单价（2008）B. 装饰装修工程》5-134。

3）木扶手油漆

木扶手油漆工程量：$L = 16.98$m

【注释】 定额工程量与清单工程量计算规则相同。

套用《河南省建设工程工程量清单综合单价（2008）B. 装饰装修工程》5-45。

4）抹灰面油漆

雨篷底面采用乙丙外墙乳胶漆刷漆定额工程量计算规则同清单工程量计算规则，工程量为 $S = 22.5$m^2。

套用《河南省建设工程工程量清单综合单价（2008）B. 装饰装修工程》5-161。

6. 其他工程

1）浴厕配件

洗漱台：$(2 \times 4 + 1 \times 2)$个 = 10 个

【注释】 2——一矩形台有两个洗漱台；

4——有 4 个这种规格的洗漱台；

1——一个残卫里有一个洗漱台；

2——有 2 个这种规格的洗漱台。

套用《河南省建设工程工程量清单综合单价（2008）B. 装饰装修工程》6-9。

2）美术字

有机玻璃字 4 个

【注释】 美术字的最大外围矩形面积。

$$S = 0.3 \times 0.3 \text{m}^2 = 0.09 \text{m}^2$$

套用《江苏省建筑与装饰工程计价表》17-14。

7. 预算与计价

施工图预算如表3-2 所示。

表 3-2 某物流配送中心装饰装修工程施工图预算表

序号	定额编号	分部分项工程	计量单位	工程量	基价/元	其　中			合计/元
						人工费/元	材料费/元	机械费/元	
1	1-17 1-18	细石混凝土楼地面 20mm	100m^2	30.87	959.81	383.13	570.26	6.42	29 629.23
2	1-36	地板砖楼地面 300mm × 300mm	100m^2	0.60	4 830.91	1 458.13	3 323.96	48.82	2 917.87
3	1-45	缸砖楼地面不勾缝	100m^2	0.88	3 752.70	1 341.17	2 364.57	46.96	3 308.38
4	1-139	天然级配砂石垫层	10m^3	30.88	479.04	208.12	257.15	13.77	14 792.76
5	7-206	水泥砂浆找平层	100m^2	30.88	691.04	277.35	398.23	15.46	21 332.40

（续表）

| 序号 | 定额编号 | 分部分项工程 | 计量单位 | 工程量 | 基价/元 | 其中 | | | 合计/元 |
						人工费/元	材料费/元	机械费/元	
6	1-70	水泥砂浆踢脚线	100m²	0.81	2 083.79	1 505.00	554.06	24.73	1 687.87
7	1-91	水泥砂浆楼梯面层	100m²	0.19	4 829.87	3 436.13	1 345.52	48.22	917.19
8	2-16	水泥砂浆砖混凝土墙内墙	100m²	19.06	1 141.28	663.49	461.22	16.57	21 752.80
9	2-16	水泥砂浆砖混凝土墙外墙	100m²	11.26	1 141.28	663.49	461.22	16.57	12 850.81
10	2-48	水泥砂浆柱面	100m²	7.26	1 394.62	939.98	438.57	16.07	10 124.94
11	2-57	零星项目装饰抹灰	100m²	0.23	7 216.98	6 284.88	918.50	13.60	1 623.82
12	2-65	混凝土墙粘贴大理石	100m²	9.66	17 615.44	2 624.72	14 886.31	104.41	170 202.14
13	2-97	混凝土柱黏贴大理石	100m²	1.57	21 105.06	3 858.39	17 090.38	156.29	33 215.14
14	3-11	天棚混凝土面抹水泥砂浆	100m²	35.19	1 028.85	747.34	268.53	12.98	36 205.23
15	3-79	石膏板天棚面层	100m²	35.19	2 265.31	711.22	1 554.09	—	79 716.26
16	4-11	铝合金成品门安装平开门	100m²	0.66	22 996.21	1 209.59	21 723.67	62.95	15 177.50
17	4-12	铝合金成品门安装推拉门	100m²	0.13	19 949.84	967.50	18 919.39	62.95	2 513.68
18	4-27	防火门	100m²	0.09	59 818.01	4 738.17	55 079.84	—	5 168.28
19	4-43	木质平开窗双扇无亮子	100m²	1.46	12 041.93	3 049.56	8 678.03	314.34	17 611.32
20	4-50	木百叶窗矩形开扇	100m²	0.03	17 625.88	5 543.99	11 275.02	806.87	555.22
21	5-23	单层木窗油调和漆	100m²	1.49	1 558.39	875.05	683.34	—	2 328.23
22	5-45	木扶手（无托板）一底油二调和漆	100m	0.17	302.26	215.00	87.26	—	51.38
23	5-119	单层钢门窗红丹防锈漆一遍	100m²	0.99	438.36	191.35	247.01	—	433.98
24	5-161	抹灰面刷乳胶漆	100m²	0.23	934.60	210.70	723.90	—	210.29
25	6-9	大理石洗漱台单孔	个	10.00	451.96	175.44	276.52	—	4 519.60
26	17-14	有机玻璃字安装（每个字面积在 0.2m³ 以内）	10 个	0.40	120.29	42.00	76.01	2.28	48.12
		合　计						—	483 726.16

三、将定额计价转换为清单计价形式

分部分项工程和单价措施项目清单与计价如表 3-3 所示。工程量清单综合单价分析如表

3-4 ~ 表 3-38 所示。

表 3-3 分部分项工程和单价措施项目清单与计价表

工程名称:某物流配送中心装饰装修工程　　　　　　标段:　　　　　　　　　　第　页　共　页

序号	项目编码	项目名称	项目特征描述	计量单位	工程量	综合单价	合价	其中:暂估价
1	011101003001	细石混凝土楼地面	100mm厚砂石垫层,20mm厚水泥砂浆找平层,20mm厚细石混凝土面层	m²	3 087.46	23.88	73 728.54	
2	011102003001	防滑地砖块料楼地面	100mm厚砂石垫层,20mm厚水泥砂浆找平层,15mm厚防滑地砖面层300mm×300mm	m²	60.40	72.74	4 393.50	
3	011102003002	镶贴缸砖块料楼地面	100mm厚砂石垫层,20mm厚水泥砂浆找平层,15mm厚缸砖面层150mm×150mm	m²	88.16	60.73	5 353.96	
4	011105001001	水泥砂浆踢脚线	1:3水泥砂浆踢脚线,150mm高	m²	87.97	28.71	2 525.62	
5	011106004001	水泥砂浆楼梯面	20mm厚1:2.5水泥砂浆楼梯面层	m²	18.99	70.41	1 337.09	
6	011201001001	墙面一般抹灰(内墙)	1:3水泥砂浆普通抹灰,内墙	m²	1 905.72	14.71	28 033.14	
7	011201001002	墙面一般抹灰(外墙)	1:3水泥砂浆普通抹灰,外墙	m²	1 125.53	14.71	16 556.55	
8	011202001001	柱面一般抹灰	1:3水泥砂浆普通抹灰,方柱	m²	725.76	20.01	14 522.46	
9	011203002001	零星项目装饰抹灰	雨篷顶面做水刷豆石面层	m²	22.50	112.28	2 526.30	
10	011204001001	石材墙面	外墙贴大理石饰面板500mm×500mm	m²	966.21	200.03	193 270.99	
11	011205001001	石材柱面	室外柱子花岗岩挂贴	m²	157.38	246.08	38 728.07	
12	011301001001	天棚抹灰	天棚1:3水泥砂浆普通抹灰	m²	3 519.42	14.51	51 066.78	
13	011302001001	石膏板天棚面层	900mm×1 800mm普通纸面石膏板(15mm厚)	m²	3 519.42	29.24	102 907.84	
14	010802001001	金属平开门(1 800mm×2 100mm)	1 800mm×2 100mm双扇平开门(全开表示门厚)	樘	4	896.05	3 584.20	

（续表）

序号	项目编码	项目名称	项目特征描述	计量单位	工程量	金额/元		其中：暂估价
						综合单价	合价	
15	010802001002	金属平开门（900mm×2 100mm）	900mm×2 100mm 单扇平开门（全开表示门厚）	樘	11.00	448.03	4 928.33	
16	010802001003	金属平开门（900mm×2 100mm）	900mm×2 100mm 单扇平开门（半开）	樘	16.00	448.03	7 168.48	
17	010802001004	金属推拉门	1 500mm×2 100mm 中分电梯门	樘	4.00	646.28	2 585.12	
18	010803002001	防火卷帘门	3 600mm×2 400mm 防火卷帘门	樘	1.00	5 408.19	5 408.19	
19	010806001001	木质平开窗（1 200mm×1 500mm）	1 200mm×1 500mm 双扇无亮子	樘	10.00	248.92	2 489.20	
20	010806001002	木质平开窗（1 800mm×1 500mm）	1 800mm×1 500mm 双扇无亮子	樘	6.00	373.39	2 240.34	
21	010806001003	木质平开窗（1 500mm×1 500mm）	1 500mm×1 500mm 双扇无亮子	樘	54.00	311.16	16 802.64	
22	010806001004	木质百叶窗	2 100mm×1 500mm 矩形开扇	樘	1.00	657.56	657.56	
23	011402001001	窗油漆（1 200mm×1 500mm）	1 200mm×1 500mm 木质推拉窗，单层木窗油调和漆，一底油，二调和漆	m²	18.00	22.10	397.80	
24	011402001002	窗油漆（1 800mm×1 500mm）	1 800mm×1 500mm 木质推拉窗，单层木窗油调和漆，一底油，二调和漆	m²	13.50	22.10	298.35	
25	011402001003	窗油漆（1 500mm×1 500mm）	1 500mm×1 500mm 木质推拉窗，单层木窗油调和漆，一底油，二调和漆	m²	114.75	22.10	2535.98	
26	011402001004	窗油漆（2 100mm×1 500mm）	2 100mm×1 500mm 木质百叶窗，单层木窗油调和漆，一底油，二调和漆	m²	3.15	22.10	69.62	
27	011403001001	木扶手油漆	楼梯木扶手（无托板）一底油二调和漆	m	16.89	4.62	78.03	

（续表）

序号	项目编码	项目名称	项目特征描述	计量单位	工程量	综合单价	合价	其中：暂估价
						金额/元		
28	011401002001	金属门油漆（1 800mm×2 100mm）	1 800mm×2 100mm双扇平开门（全开表示门厚）红丹防锈漆一遍	m²	15.12	5.8	87.70	
29	011401002002	金属门油漆（900mm×2 100mm）	900mm×2 100mm单扇平开门（全开表示门厚）红丹防锈漆一遍	m²	20.79	5.8	120.58	
30	011401002003	金属门油漆（900mm×2 100mm）	900mm×2 100mm单扇平开门（半开）红丹防锈漆一遍	m²	30.24	5.8	175.39	
31	011401002004	金属门油漆（1 500mm×2 100mm）	1 500mm×2 100mm中分推拉电梯门红丹防锈漆一遍	m²	12.60	5.8	73.08	
32	011401002005	金属门油漆（3 600mm×2 400mm）	3 600mm×2 400mm防火卷帘门，红丹防锈漆一遍	m²	8.64	13.36	115.43	
33	011406001001	抹灰面油漆	雨篷底面采用乙丙外墙乳胶漆刷漆，局部挂石膏腻子二遍	m²	22.50	10.91	245.48	
34	011505001001	洗漱台	大理石洗漱台单孔	m²	4.70	1 199.47	5 637.51	
35	011508002001	有机玻璃字	有机玻璃字安装（每个字面积在0.2m³以内）	个	4.00	13.67	54.68	
			合　计				582 263.77	

表 3-4　工程量清单综合单价分析表 1

工程名称：某物流配送中心装饰装修工程　　　　标段：　　　　　　　第1页　共35页

项目编码	011101003001	项目名称	细石混凝土楼地面	计量单位	m²	工程量	3 087.46

清单综合单价组成明细

定额编号	定额名称	定额单位	数量	单价				合价			
				人工费	材料费	机械费	管理费和利润	人工费	材料费	机械费	管理费和利润
1-17 1-18	细石混凝土楼地面20mm	100m²	0.010	383.13	570.26	6.42	245.78	3.83	5.70	0.06	2.46
1-139	天然级配砂石垫层	10m³	0.005	208.12	257.15	13.77	132.62	1.04	1.29	0.07	0.66
7-206	水泥砂浆找平层	100m²	0.010	277.35	398.23	15.46	184.92	2.77	3.98	0.15	1.85
人工单价		小　计						7.65	10.97	0.29	4.97
43.00元/工日		未计价材料费						—			
清单项目综合单价								23.88			

（续表）

	主要材料名称、规格、型号	单位	数量	单价/元	合价/元	暂估单价/元	暂估合价/元
材料费明细	现浇碎石混凝土 粒径≤16(32.5 水泥) C20	m³	0.020 2	186.09	3.76		
	水泥砂浆 1:1	m³	0.005 1	264.66	1.35		
	素水泥浆	m³	0.001 0	421.78	0.42		
	砂石 天然级配	m³	0.061 3	20.00	1.23		
	水泥砂浆 1:3	m³	0.020 2	195.94	3.96		
	水	m³	0.053 0	4.05	0.21		
	其他材料费			—	0.04	—	
	材料费小计			—	10.97	—	

表 3-5　工程量清单综合单价分析表 2

工程名称：某物流配送中心装饰装修工程　　　　　标段：　　　　　　　第 2 页　共 35 页

项目编码	011102003001	项目名称	防滑地砖块料楼地面	计量单位	m²	工程量	60.40

清单综合单价组成明细

定额编号	定额名称	定额单位	数量	单价				合价			
				人工费	材料费	机械费	管理费和利润	人工费	材料费	机械费	管理费和利润
1-36	地板砖楼地面 300mm×300mm	100m²	0.01	1 458.13	3 323.96	48.82	904.99	14.58	33.24	0.49	9.05
1-139	天然级配砂石垫层	10m³	0.01	208.12	257.15	13.77	132.62	2.08	2.57	0.14	1.33
7-206	水泥砂浆找平层	100m²	0.01	277.35	398.23	15.46	184.92	2.77	3.98	0.15	1.85
人工单价		小　计						19.44	39.79	0.78	12.23
43.00 元/工日		未计价材料费						—			
	清单项目综合单价							72.24			

	主要材料名称、规格、型号	单位	数量	单价/元	合价/元	暂估单价/元	暂估合价/元
材料费明细	地板砖 300mm×300mm	千块	0.011 3	2 500.00	28.25		
	水泥砂浆 1:4	m³	0.021 6	194.06	4.19		
	素水泥浆	m³	0.001 0	421.78	0.42		
	白水泥	kg	0.100 0	0.42	0.04		
	石料切割锯片	片	0.003 2	12.00	0.04		
	砂石 天然级配	m³	0.122 5	20.00	2.45		
	水泥砂浆 1:3	m³	0.020 2	195.94	3.96		
	水	m³	0.066 0	4.05	0.27		
	其他材料费			—	0.07	—	
	材料费小计			—	39.79	—	

表 3-6 工程量清单综合单价分析表 3

工程名称:某物流配送中心装饰装修工程　　　　　标段:　　　　　

项目编码	011102003002	项目名称	镶贴缸砖块料楼地面	计量单位	m²	工程量	88.16

清单综合单价组成明细

定额编号	定额名称	定额单位	数量	单价				合价			
				人工费	材料费	机械费	管理费和利润	人工费	材料费	机械费	管理费和利润
1-45	缸砖楼地面不勾缝	100m²	0.01	1 341.17	2 364.57	46.96	832.39	13.41	23.65	0.47	8.32
1-139	天然级配砂石垫层	10m³	0.01	208.12	257.15	13.77	132.62	2.08	2.57	0.14	1.33
7-206	水泥砂浆找平层	100m²	0.01	277.35	398.23	15.46	184.92	2.77	3.98	0.15	1.85
人工单价			小　计					18.27	30.20	0.76	11.50
43.00 元/工日			未计价材料费					—			
清单项目综合单价								60.73			

材料费明细	主要材料名称、规格、型号	单位	数量	单价/元	合价/元	暂估单价/元	暂估合价/元
	缸砖 150mm×150mm×10mm	千块	0.045 1	400.00	18.04		
	水泥砂浆 1:4	m³	0.025 3	194.06	4.91		
	素水泥浆	m³	0.001 0	421.78	0.42		
	水泥 32.5	t	0.000 1	280.00	0.03		
	石料切割锯片	片	0.003 2	12.00	0.04		
	砂石　天然级配	m³	0.122 5	20.00	2.45		
	水泥砂浆 1:3	m³	0.020 2	195.94	3.96		
	水	m³	0.068 0	4.05	0.28		
	其他材料费			—	0.07	—	
	材料费小计			—	30.20	—	

表 3-7 工程量清单综合单价分析表 4

工程名称:某物流配送中心装饰装修工程　　　　　标段:　　　　　

项目编码	011105001001	项目名称	水泥砂浆踢脚线	计量单位	m²	工程量	87.97

清单综合单价组成明细

定额编号	定额名称	定额单位	数量	单价				合价			
				人工费	材料费	机械费	管理费和利润	人工费	材料费	机械费	管理费和利润
1-70	水泥砂浆踢脚线	100m²	0.009 4	1 505.00	554.06	24.73	969.96	14.15	5.21	0.23	9.12
人工单价			小　计					14.15	5.21	0.23	9.12
43.00 元/工日			未计价材料费					—			
清单项目综合单价								28.71			

材料费明细	主要材料名称、规格、型号	单位	数量	单价/元	合价/元	暂估单价/元	暂估合价/元
	水泥砂浆 1:2	m³	0.009 4	229.62	2.16		
	水泥砂浆 1:3	m³	0.015 0	195.94	2.95		
	水	m³	0.025 4	4.05	0.10		
	其他材料费				—		
	材料费小计			—	5.21		

表3-8　工程量清单综合单价分析表5

工程名称:某物流配送中心装饰装修工程　　　　标段:　　　　　　第5页　共35页

项目编码	011106004001	项目名称	水泥砂浆楼梯面	计量单位	m²	工程量	18.99

清单综合单价组成明细

定额编号	定额名称	定额单位	数量	单价				合价			
				人工费	材料费	机械费	管理费和利润	人工费	材料费	机械费	管理费和利润
1-91	水泥砂浆楼梯面层	100m²	0.01	3 436.13	1 345.52	48.22	2 210.91	34.36	13.46	0.48	22.11
人工单价			小　计					34.36	13.46	0.48	22.11
43.00 元/工日			未计价材料费					—			
清单项目综合单价								70.41			

材料费明细	主要材料名称、规格、型号	单位	数量	单价/元	合价/元	暂估单价/元	暂估合价/元
	水泥砂浆 1:2	m³	0.032 0	229.62	7.35		
	水泥砂浆 1:3	m³	0.003 7	195.94	0.73		
	素水泥浆	m³	0.001 5	421.78	0.63		
	混合砂浆 1:1.6	m³	0.026 0	157.02	4.08		
	麻刀石灰浆	m³	0.002 8	119.42	0.33		
	水	m³	0.056 0	4.05	0.23		
	其他材料费			—	0.11	—	
	材料费小计			—	13.46		

表3-9　工程量清单综合单价分析表6

工程名称:某物流配送中心装饰装修工程　　　　标段:　　　　　　第6页　共35页

项目编码	011201001001	项目名称	墙面一般抹灰	计量单位	m²	工程量	1 905.72

清单综合单价组成明细

定额编号	定额名称	定额单位	数量	单价				合价			
				人工费	材料费	机械费	管理费和利润	人工费	材料费	机械费	管理费和利润
2-16	水泥砂浆砖混凝土墙	100m²	0.01	663.49	461.22	16.57	329.65	6.63	4.61	0.17	3.30
人工单价			小　计					6.63	4.61	0.17	3.30
43.00 元/工日			未计价材料费					—			
清单项目综合单价								14.71			

（续表）

	主要材料名称、规格、型号	单位	数量	单价/元	合价/元	暂估单价/元	暂估合价/元
材料费明细	水泥砂浆 1:2	m³	0.005 4	229.62	1.23		
	水泥砂浆 1:3	m³	0.017 0	195.94	3.33		
	水	m³	0.002 0	4.05	0.01		
	其他材料费			—	0.0		
	材料费小计			—	4.61		

表 3-10　工程量清单综合单价分析表 7

工程名称:某物流配送中心装饰装修工程　　　　　标段:　　　　　

项目编码	011201001002	项目名称	墙面一般抹灰	计量单位	m²	工程量	1 125.53

清单综合单价组成明细

定额编号	定额名称	定额单位	数量	单价				合价			
				人工费	材料费	机械费	管理费和利润	人工费	材料费	机械费	管理费和利润
2-16	水泥砂浆砖混凝土墙	100m²	0.01	663.49	461.22	16.57	329.65	6.63	4.61	0.17	3.30
人工单价			小　计					6.63	4.61	0.17	3.30
43.00 元/工日			未计价材料费					—			
清单项目综合单价								14.71			

	主要材料名称、规格、型号	单位	数量	单价/元	合价/元	暂估单价/元	暂估合价/元
材料费明细	水泥砂浆 1:2	m³	0.005 4	229.62	1.23		
	水泥砂浆 1:3	m³	0.017 0	195.94	3.33		
	水	m³	0.002 0	4.05	0.01		
	其他材料费			—	0.0		
	材料费小计			—	4.61		

表 3-11　工程量清单综合单价分析表 8

工程名称:某物流配送中心装饰装修工程　　　　　标段:　　　　　

项目编码	011202001001	项目名称	柱面一般抹灰	计量单位	m²	工程量	725.76

清单综合单价组成明细

定额编号	定额名称	定额单位	数量	单价				合价			
				人工费	材料费	机械费	管理费和利润	人工费	材料费	机械费	管理费和利润
2-48	水泥砂浆柱面	100m²	0.01	939.98	438.57	16.07	606.09	9.40	4.39	0.16	6.06
人工单价			小　计					9.40	4.39	0.16	6.06
43.00 元/工日			未计价材料费					—			
清单项目综合单价								20.01			

（续表）

	主要材料名称、规格、型号	单位	数量	单价/元	合价/元	暂估单价/元	暂估合价/元
材料费明细	水泥砂浆 1:2	m³	0.008 8	229.62	2.02		
	水泥砂浆 1:3	m³	0.011 7	195.94	2.28		
	水	m³	0.002 0	4.05	0.01		
	其他材料费	—			0.07	—	
	材料费小计	—			4.39	—	

表 3-12　工程量清单综合单价分析表 9

工程名称:某物流配送中心装饰装修工程　　　　标段:　　　　　　　　　第 9 页　共 35 页

项目编码	011203002001	项目名称	零星项目装饰抹灰	计量单位	m²	工程量	22.50

清单综合单价组成明细

定额编号	定额名称	定额单位	数量	单价				合价			
				人工费	材料费	机械费	管理费和利润	人工费	材料费	机械费	管理费和利润
2-57	零星项目装饰抹灰	100m²	0.01	6 284.88	918.50	13.60	4 010.81	62.85	9.19	0.14	40.11
人工单价			小　计					62.85	9.19	0.14	40.11
43.00 元/工日			未计价材料费					—			
清单项目综合单价								112.28			

	主要材料名称、规格、型号	单位	数量	单价/元	合价/元	暂估单价/元	暂估合价/元
材料费明细	水泥白石子砂浆 1:2	m³	0.011 7	372.18	4.36		
	水泥砂浆 1:3	m³	0.016 0	195.94	3.14		
	素水泥浆	m³	0.001 0	421.78	0.43		
	水泥 32.5	t	0.000 3	280.00	0.07		
	油漆溶剂油	kg	0.006 0	3.50	0.02		
	清油	kg	0.005 3	20.00	0.11		
	煤油	kg	0.040 0	5.00	0.20		
	硬白蜡	kg	0.0265	9.00	0.24		
	金刚石 三角	块	0.101 0	2.39	0.24		
	草酸	kg	0.010 0	6.88	0.07		
	水	m³	0.060 0	4.05	0.24		
	其他材料费				0.07	—	
	材料费小计				9.18	—	

表 3-13　工程量清单综合单价分析表 10

工程名称:某物流配送中心装饰装修工程　　　　标段:　　　　　　　　　第 10 页　共 35 页

项目编码	011204001001	项目名称	石材墙面	计量单位	m²	工程量	966.21

清单综合单价组成明细

定额编号	定额名称	定额单位	数量	单价				合价			
				人工费	材料费	机械费	管理费和利润	人工费	材料费	机械费	管理费和利润
2-65	混凝土墙粘贴大理石	100m²	0.01	2 624.72	14 886.31	104.41	2 387.29	26.25	148.86	1.04	23.87

（续表）

人工单价		小　计			26.25	148.86	1.04	23.87
43.00 元/工日			未计价材料费				—	
		清单项目综合单价				200.03		

材料费明细	主要材料名称、规格、型号	单位	数量	单价/元	合价/元	暂估单价/元	暂估合价/元
	大理石板 500mm×500mm	m²	1.02	130.00	132.60		
	水泥砂浆 1:1	m³	0.005 1	264.66	1.35		
	水泥砂浆 1:3	m³	0.015 3	195.94	3.00		
	素水泥浆	m³	0.001 0	421.78	0.43		
	白水泥	kg	0.150 0	0.42	0.06		
	建筑胶	kg	0.306 0	2.00	0.61		
	乳液型建筑胶粘剂	kg	0.577 5	16.00	9.24		
	石料切割锯片	片	0.026 9	12.00	0.32		
	松节油	kg	0.006 0	9.00	0.05		
	清油	kg	0.005 3	20.00	0.11		
	煤油	kg	0.040 0	5.00	0.20		
	硬白蜡	kg	0.026 5	9.00	0.24		
	草酸	kg	0.010 0	6.88	0.07		
	水	m³	0.006 6	4.05	0.03		
	其他材料费			—	0.56	—	
	材料费小计			—	148.87	—	

表 3-14　工程量清单综合单价分析表 11

工程名称：某物流配送中心装饰装修工程　　　　　　标段：　　　　　　第 11 页　共 35 页

项目编码	011205001001	项目名称	石材柱面	计量单位	m²	工程量	157.38

清单综合单价组成明细

定额编号	定额名称	定额单位	数量	单价				合价			
				人工费	材料费	机械费	管理费和利润	人工费	材料费	机械费	管理费和利润
2-97	混凝土柱黏贴大理石	100m²	0.01	3 858.39	17 090.38	156.29	3 503.33	38.58	170.90	1.56	35.03
人工单价			小　计					38.58	170.90	1.56	35.03
43.00 元/工日			未计价材料费					—			
		清单项目综合单价						246.08			

材料费明细	主要材料名称、规格、型号	单位	数量	单价/元	合价/元	暂估单价/元	暂估合价/元
	花岗岩板 500mm×500mm×30mm	m²	1.020 0	150.00	153.00		
	水泥砂浆 1:1	m³	0.005 6	264.66	1.48		
	水泥砂浆 1:3	m³	0.016 0	195.94	3.14		
	素水泥浆	m³	0.001 0	421.78	0.43		
	白水泥	kg	0.190 0	0.42	0.08		
	建筑胶	kg	0.336 0	2.00	0.67		
	乳液型建筑胶粘剂	kg	0.623 7	16.00	9.98		

主要材料名称、规格、型号	单位	数量	单价/元	合价/元	暂估单价/元	暂估合价/元
石料切割锯片	片	0.054 5	12.00	0.65		
松节油	kg	0.007 8	9.00	0.07		
清油	kg	0.006 9	20.00	0.14		
煤油	kg	0.051 8	5.00	0.26		
硬白蜡	kg	0.034 3	9.00	0.31		
草酸	kg	0.013 0	6.88	0.09		
水	m³	0.007 8	4.05	0.03		
其他材料费			—	0.58		
材料费小计			—	170.91		

（材料费明细）

表 3-15　工程量清单综合单价分析表 12

工程名称：某物流配送中心装饰装修工程　　　　　标段：　　　　　　　第 12 页　共 35 页

项目编码	011301001001	项目名称		天棚抹灰		计量单位		m²	工程量		3 519.42

清单综合单价组成明细

定额编号	定额名称	定额单位	数量	单 价				合 价			
				人工费	材料费	机械费	管理费和利润	人工费	材料费	机械费	管理费和利润
3-11	天棚混凝土面抹水泥砂浆	100m²	0.01	747.34	268.53	12.98	422.16	7.47	2.69	0.13	4.22
人工单价			小　计					7.47	2.69	0.13	4.22
43.00 元/工日			未计价材料费					—			
清单项目综合单价								14.51			

主要材料名称、规格、型号	单位	数量	单价/元	合价/元	暂估单价/元	暂估合价/元
水泥砂浆 1:2	m³	0.005 1	229.62	1.17		
水泥砂浆 1:3	m³	0.007 2	195.94	1.41		
水	m³	0.002 0	4.05	0.01		
其他材料费			—	0.10		
材料费小计			—	2.69		

（材料费明细）

表 3-16　工程量清单综合单价分析表 13

工程名称：某物流配送中心装饰装修工程　　　　　标段：　　　　　　　第 13 页　共 35 页

项目编码	011302001001	项目名称		石膏板天棚面层		计量单位		m²	工程量		3 519.42

清单综合单价组成明细

定额编号	定额名称	定额单位	数量	单 价				合 价			
				人工费	材料费	机械费	管理费和利润	人工费	材料费	机械费	管理费和利润
3-79	石膏板天棚面层	100m²	0.01	711.22	1 554.09	0.00	658.29	7.11	15.54	0.00	6.58
人工单价			小　计					7.11	15.54	0.00	6.58

（续表）

43.00 元/工日		未计价材料费				—		
	清单项目综合单价					29.24		
材料费明细	主要材料名称、规格、型号	单位	数量	单价/元	合价/元	暂估单价/元	暂估合价/元	
	纸面石膏板 厚12mm	m²	1.050 0	11.30	11.87			
	氯丁胶 XY401、88#胶	kg	0.325 5	11.00	3.58			
	其他材料费			—	0.10			
	材料费小计			—	15.54			

表 3-17 工程量清单综合单价分析表 14

工程名称:某物流配送中心装饰装修工程　　　　　标段:　　　　　　　　　　第 14 页　共 35 页

项目编码	010802001001	项目名称	金属平开门(1 800mm×2 100mm)		计量单位	樘	工程量	4

清单综合单价组成明细

定额编号	定额名称	定额单位	数量	单价				合价			
				人工费	材料费	机械费	管理费和利润	人工费	材料费	机械费	管理费和利润
4-11	铝合金成品门安装平开门	100m²	0.037 8	1 209.59	21 723.67	62.95	708.87	45.72	821.15	2.38	26.80
人工单价		小　计						45.72	821.15	2.38	26.80
43.00 元/工日		未计价材料费						—			
	清单项目综合单价							896.05			

材料费明细	主要材料名称、规格、型号	单位	数量	单价/元	合价/元	暂估单价/元	暂估合价/元
	铝合金平开门(含玻璃、配件)	m²	3.666 6	220.00	806.65		
	软填料	kg	0.927 6	9.80	9.09		
	密封油膏	kg	1.984 9	2.00	3.97		
	其他材料费			—	1.44		
	材料费小计			—	821.15		

表 3-18 工程量清单综合单价分析表 15

工程名称:某物流配送中心装饰装修工程　　　　　标段:　　　　　　　　　　第 15 页　共 35 页

项目编码	010802001002	项目名称	金属平开门(900mm×2 100mm)		计量单位	樘	工程量	11.00

清单综合单价组成明细

定额编号	定额名称	定额单位	数量	单价				合价			
				人工费	材料费	机械费	管理费和利润	人工费	材料费	机械费	管理费和利润
4-11	铝合金成品门安装平开门	100m²	0.018 9	1 209.59	21 723.67	62.95	708.87	22.86	410.58	1.19	13.40
人工单价		小　计						22.86	410.58	1.19	13.40
43.00 元/工日		未计价材料费						—			
	清单项目综合单价							448.03			

（续表）

材料费明细	主要材料名称、规格、型号	单位	数量	单价/元	合价/元	暂估单价/元	暂估合价/元
	铝合金平开门（含玻璃、配件）	m²	1.833 3	220.00	403.33		
	软填料	kg	0.463 8	9.80	4.55		
	密封油膏	kg	0.992 4	2.00	1.98		
	其他材料费			—	0.72	—	
	材料费小计			—	410.58		

表 3-19　工程量清单综合单价分析表 16

工程名称：某物流配送中心装饰装修工程　　　　　标段：　　　　　　

项目编码	010802001003	项目名称	金属平开门（900mm×2 100mm）		计量单位	樘	工程量	16.00

清单综合单价组成明细

定额编号	定额名称	定额单位	数量	单价				合价			
				人工费	材料费	机械费	管理费和利润	人工费	材料费	机械费	管理费和利润
4-11	铝合金成品门安装平开门	100m²	0.018 9	1 209.59	21 723.67	62.95	708.87	22.86	410.58	1.19	13.40
人工单价		小　计						22.86	410.58	1.19	13.40
43.00 元/工日		未计价材料费						—			
清单项目综合单价								448.03			

材料费明细	主要材料名称、规格、型号	单位	数量	单价/元	合价/元	暂估单价/元	暂估合价/元
	铝合金平开门（含玻璃、配件）	m²	1.833 3	220.00	403.33		
	软填料	kg	0.463 8	9.80	4.55		
	密封油膏	kg	0.992 4	2.00	1.98		
	其他材料费			—	0.72	—	
	材料费小计			—	410.58		

表 3-20　工程量清单综合单价分析表 17

工程名称：某物流配送中心装饰装修工程　　　　　标段：　　　　　　

项目编码	010802001004	项目名称	金属推拉门	计量单位	樘	工程量	4.00

清单综合单价组成明细

定额编号	定额名称	定额单位	数量	单价				合价			
				人工费	材料费	机械费	管理费和利润	人工费	材料费	机械费	管理费和利润
4-12	铝合金成品门安装平开门	100m²	0.031 5	967.50	18 919.39	62.95	567.00	30.48	595.96	1.98	17.86
人工单价		小　计						30.48	595.96	1.98	17.86
43.00 元/工日		未计价材料费						—			
清单项目综合单价								646.28			

（续表）

	主要材料名称、规格、型号	单位	数量	单价/元	合价/元	暂估单价/元	暂估合价/元
材料费明细	铝合金推拉门（含玻璃、配件）	m²	3.055 5	190.00	580.55		
	软填料	kg	1.252 1	9.80	12.27		
	密封油膏	kg	1.155 1	2.00	2.31		
	其他材料费			—	0.83	—	
	材料费小计			—	595.96	—	

表 3-21　工程量清单综合单价分析表 18

工程名称：某物流配送中心装饰装修工程　　　　　标段：　　　　　　　第 18 页　共 35 页

项目编码	010803002001	项目名称		防火卷帘门	计量单位	樘	工程量		1.00

清单综合单价组成明细

定额编号	定额名称	定额单位	数量	单价				合价			
				人工费	材料费	机械费	管理费和利润	人工费	材料费	机械费	管理费和利润
4-27	防火门	100m²	0.086 4	4 738.17	55 079.84	—	2 776.79	409.38	4 758.90	—	239.91
人工单价		小计						409.38	4 758.90	—	239.91
43.00 元/工日		未计价材料费						—			
清单项目综合单价								5 408.19			

	主要材料名称、规格、型号	单位	数量	单价/元	合价/元	暂估单价/元	暂估合价/元
材料费明细	防火卷帘门（成品）	m²	11.750 4	400.00	4 700.16		
	连接固定件	kg	2.488 3	4.50	11.20		
	金属胀锚螺栓	套	45.792 0	1.00	45.79		
	电焊条（综合）	kg	0.437 2	4.00	1.75		
	其他材料费			—		—	
	材料费小计			—	4 758.90	—	

表 3-22　工程量清单综合单价分析表 19

工程名称：某物流配送中心装饰装修工程　　　　　标段：　　　　　　　第 19 页　共 35 页

项目编码	010806001001	项目名称	木质平开窗（1 200mm×1 500mm）		计量单位	樘	工程量		10.00

清单综合单价组成明细

定额编号	定额名称	定额单位	数量	单价				合价			
				人工费	材料费	机械费	管理费和利润	人工费	材料费	机械费	管理费和利润
4-43	木质平开窗双扇无亮子	100m²	0.018 0	3 049.56	8 678.03	314.34	1 787.19	54.89	156.20	5.66	32.17
人工单价		小　计						54.89	156.20	5.66	32.17
43.00 元/工日		未计价材料费						—			
清单项目综合单价								248.92			

（续表）

材料费明细	主要材料名称、规格、型号	单位	数量	单价/元	合价/元	暂估单价/元	暂估合价/元
	板方木材 综合规格	m³	0.071 4	1 550.00	110.74		
	木材干燥费	m³	0.065 9	59.38	3.91		
	玻璃窗扇	m²	1.469 7	3.18	4.68		
	麻刀石灰浆	m³	0.003 8	119.42	0.46		
	平板玻璃	m³	1.270 2	21.00	26.67		
	小五金费	元	3.319 9	1.00	3.32		
	其他材料费			—	6.43	—	
	材料费小计			—	156.20	—	

表 3-23　工程量清单综合单价分析表 20

工程名称：某物流配送中心装饰装修工程　　　　　　　标段：　　　　　　　第 20 页　共 35 页

项目编码	010806001002	项目名称	木质平开窗（1 800mm×1 500mm）	计量单位	樘	工程量	6.00

清单综合单价组成明细

定额编号	定额名称	定额单位	数量	单价				合价			
				人工费	材料费	机械费	管理费和利润	人工费	材料费	机械费	管理费和利润
4-43	木平开窗双扇无亮子	100m²	0.027 0	3 049.56	8 678.03	314.34	1 787.19	82.34	234.31	8.49	48.25
人工单价			小　计					82.34	234.31	8.49	48.25
43.00 元/工日			未计价材料费					—			
清单项目综合单价								373.39			

材料费明细	主要材料名称、规格、型号	单位	数量	单价/元	合价/元	暂估单价/元	暂估合价/元
	板方木材 综合规格	m³	0.107 2	1 550.00	166.10		
	木材干燥费	m³	0.098 8	59.38	5.87		
	玻璃窗扇	m²	2.204 6	3.18	7.02		
	麻刀石灰浆	m³	0.005 7	119.42	0.68		
	平板玻璃	m³	1.905 3	21.00	40.01		
	小五金费	元	4.979 9	1.00	4.98		
	其他材料费			—	9.64	—	
	材料费小计			—	234.31	—	

表 3-24　工程量清单综合单价分析表 21

工程名称：某物流配送中心装饰装修工程　　　　　　　标段：　　　　　　　第 21 页　共 35 页

项目编码	010806001003	项目名称	木质平开窗（1 500mm×1 500mm）	计量单位	樘	工程量	54.00

清单综合单价组成明细

定额编号	定额名称	定额单位	数量	单价				合价			
				人工费	材料费	机械费	管理费和利润	人工费	材料费	机械费	管理费和利润
4-43	木平开窗双扇无亮子	100m²	0.022 5	3 049.56	8 678.03	314.34	1 787.19	68.62	195.26	7.07	40.21
人工单价			小　计					68.62	195.26	7.07	40.21

（续表）

43.00 元/工日		未计价材料费		—	
	清单项目综合单价			311.16	

	主要材料名称、规格、型号	单位	数量	单价/元	合价/元	暂估单价/元	暂估合价/元
材料费明细	板方木材 综合规格	m³	0.089 3	1 550.00	138.42		
	木材干燥费	m³	0.082 4	59.38	4.89		
	玻璃窗扇	m²	1.837 1	3.18	5.85		
	麻刀石灰浆	m³	0.004 8	119.42	0.57		
	平板玻璃	m³	1.587 8	21.00	33.34		
	小五金费	元	4.149 9	1.00	4.15		
	其他材料费			—	8.04	—	
	材料费小计			—	195.26		

表 3-25　工程量清单综合单价分析表 22

工程名称：某物流配送中心装饰装修工程　　　　　　　标段：　　　　　　　第 22 页　共 35 页

项目编码	010806001004	项目名称	木质百叶窗	计量单位	樘	工程量	1.00

清单综合单价组成明细

定额编号	定额名称	定额单位	数量	单价				合价			
				人工费	材料费	机械费	管理费和利润	人工费	材料费	机械费	管理费和利润
4-50	木百叶窗矩形开扇	100m²	0.031 5	5 543.99	11 275.02	806.87	3 249.03	174.64	355.16	25.42	102.34
人工单价			小　计					174.64	355.16	25.42	102.34
43.00 元/工日		未计价材料费					—				
	清单项目综合单价						657.56				

	主要材料名称、规格、型号	单位	数量	单价/元	合价/元	暂估单价/元	暂估合价/元
材料费明细	板方木材 综合规格	m³	0.206 8	1 550.00	320.49		
	木材干燥费	m³	0.194 8	59.38	11.57		
	麻刀石灰浆	m³	0.007 9	119.42	0.94		
	小五金费	元	16.393 9	1.00	16.39		
	其他材料费			—	5.78	—	
	材料费小计			—	355.16		

表 3-26　工程量清单综合单价分析表 23

工程名称：某物流配送中心装饰装修工程　　　　　　　标段：　　　　　　　第 23 页　共 35 页

项目编码	011402001001	项目名称	窗油漆（1 200mm×1 500mm）	计量单位	m²	工程量	18.00

清单综合单价组成明细

定额编号	定额名称	定额单位	数量	单价				合价			
				人工费	材料费	机械费	管理费和利润	人工费	材料费	机械费	管理费和利润
5-23	单层木窗油调和漆	100m²	0.01	875.05	683.34	—	651.20	8.75	6.83	—	6.51
人工单价			小　计					8.75	6.83	—	6.51

（续表）

43.00 元/工日		未计价材料费				—		
		清单项目综合单价				22.10		
材料费明细	主要材料名称、规格、型号		单位	数量	单价/元	合价/元	暂估单价/元	暂估合价/元
	无光调和漆		kg	0.208 0	15.00	3.12		
	调和漆		kg	0.183 4	13.00	2.38		
	油漆溶剂油		kg	0.068 4	3.50	0.24		
	清油		kg	0.014 6	20.00	0.29		
	熟桐油（光油）		kg	0.035 4	15.00	0.53		
	石膏粉		kg	0.042 0	0.80	0.03		
	其他材料费				—	0.23	—	
	材料费小计				—	6.83		

表 3-27　工程量清单综合单价分析表 24

工程名称:某物流配送中心装饰装修工程　　　　　标段:　　　　　　　第 24 页　共 35 页

项目编码	011402001002	项目名称	窗油漆（1 800mm×1 500mm）		计量单位	m²	工程量	13.50

清单综合单价组成明细

定额编号	定额名称	定额单位	数量	单价				合价			
				人工费	材料费	机械费	管理费和利润	人工费	材料费	机械费	管理费和利润
5-23	单层木窗油调和漆	100m²	0.01	875.05	683.34	—	651.20	8.75	6.83	—	6.51
人工单价			小计					8.75	6.83	—	6.51
43.00 元/工日			未计价材料费					—			
清单项目综合单价								22.10			

材料费明细	主要材料名称、规格、型号		单位	数量	单价/元	合价/元	暂估单价/元	暂估合价/元
	无光调和漆		kg	0.208 0	15.00	3.12		
	调和漆		kg	0.183 4	13.00	2.38		
	油漆溶剂油		kg	0.068 4	3.50	0.24		
	清油		kg	0.014 6	20.00	0.29		
	熟桐油（光油）		kg	0.035 4	15.00	0.53		
	石膏粉		kg	0.042 0	0.80	0.03		
	其他材料费				—	0.23	—	
	材料费小计				—	6.83		

表 3-28　工程量清单综合单价分析表 25

工程名称:某物流配送中心装饰装修工程　　　　　标段:　　　　　　　第 25 页　共 35 页

项目编码	011402001003	项目名称	窗油漆（1 500mm×1 500mm）		计量单位	m²	工程量	114.75

清单综合单价组成明细

定额编号	定额名称	定额单位	数量	单价				合价			
				人工费	材料费	机械费	管理费和利润	人工费	材料费	机械费	管理费和利润
5-23	单层木窗油调和漆	100m²	0.01	875.05	683.34	—	651.20	8.75	6.83		6.51

（续表）

人工单价		小　计		8.75	6.83	—	6.51
43.00元/工日		未计价材料费				—	
	清单项目综合单价					22.10	

	主要材料名称、规格、型号	单位	数量	单价/元	合价/元	暂估单价/元	暂估合价/元
材料费明细	无光调和漆	kg	0.208 0	15.00	3.12		
	调和漆	kg	0.183 4	13.00	2.38		
	油漆溶剂油	kg	0.068 4	3.50	0.24		
	清油	kg	0.014 6	20.00	0.29		
	熟桐油（光油）	kg	0.035 4	15.00	0.53		
	石膏粉	kg	0.042 0	0.80	0.03		
	其他材料费			—	0.23	—	
	材料费小计			—	6.83	—	

表3-29　工程量清单综合单价分析表26

工程名称：某物流配送中心装饰装修工程　　　　　标段：　　　　　第26页　共35页

项目编码	011402001004	项目名称	窗油漆（2 100mm×1 500mm）	计量单位	m²	工程量	3.15

| | | | | 清单综合单价组成明细 | | | | | |

| 定额编号 | 定额名称 | 定额单位 | 数量 | 单价 | | | | 合价 | | | |
				人工费	材料费	机械费	管理费和利润	人工费	材料费	机械费	管理费和利润
5-23	单层木窗油调和漆	100m²	0.01	875.05	683.34	—	651.20	8.75	6.83	—	6.51

人工单价		小　计		8.75	6.83	—	6.51
43.00元/工日		未计价材料费				—	
	清单项目综合单价					22.10	

	主要材料名称、规格、型号	单位	数量	单价/元	合价/元	暂估单价/元	暂估合价/元
材料费明细	无光调和漆	kg	0.208 0	15.00	3.12		
	调和漆	kg	0.183 4	13.00	2.38		
	油漆溶剂油	kg	0.068 4	3.50	0.24		
	清油	kg	0.014 6	20.00	0.29		
	熟桐油（光油）	kg	0.035 4	15.00	0.53		
	石膏粉	kg	0.042 0	0.80	0.03		
	其他材料费			—	0.23	—	
	材料费小计			—	6.83	—	

表3-30　工程量清单综合单价分析表27

工程名称：某物流配送中心装饰装修工程　　　　　标段：　　　　　第27页　共35页

项目编码	011403001001	项目名称	木扶手油漆	计量单位	m	工程量	16.89

| | | | | 清单综合单价组成明细 | | | | | |

| 定额编号 | 定额名称 | 定额单位 | 数量 | 单价 | | | | 合价 | | | |
				人工费	材料费	机械费	管理费和利润	人工费	材料费	机械费	管理费和利润
5-45	木扶手（无托板）一底油二调和漆	100m²	0.01	215.00	87.26	—	160.00	2.15	0.87		1.60

（续表）

人工单价		小　计			2.15	0.87	—	1.60
43.00 元/工日			未计价材料费				—	
		清单项目综合单价					4.62	

	主要材料名称、规格、型号	单位	数量	单价/元	合价/元	暂估单价/元	暂估合价/元
材料费明细	无光调和漆	kg	0.029 3	15.000	0.440		
	调和漆	kg	0.021 1	13.000	0.274		
	油漆溶剂油	kg	0.007 9	3.500	0.028		
	清油	kg	0.001 7	20.000	0.034		
	熟桐油（光油）	kg	0.004 1	15.000	0.062		
	石膏粉	kg	0.004 8	0.800	0.004		
	其他材料费			—	0.032		
	材料费小计			—	0.873		

表 3-31　工程量清单综合单价分析表 28

工程名称：某物流配送中心装饰装修工程　　　　　　标段：　　　　　　　　　第 28 页　共 35 页

项目编码	011405001001	项目名称	金属门油漆（1 800mm×2 100mm）		计量单位	t	工程量	15.12

清单综合单价组成明细

定额编号	定额名称	定额单位	数量	单　价				合　价			
				人工费	材料费	机械费	管理费和利润	人工费	材料费	机械费	管理费和利润
5-119	单层钢门窗油漆	100m²	0.01	191.35	247.01	—	142.40	1.91	2.47	—	1.42
人工单价		小　计						1.91	2.47	—	1.42
43.00 元/工日		未计价材料费							—		
	清单项目综合单价								5.8		

	主要材料名称、规格、型号	单位	数量	单价/元	合价/元	暂估单价/元	暂估合价/元
材料费明细	醇酸防锈漆 红丹	kg	0.165 2	14.00	2.313		
	油漆溶剂油	kg	0.008 6	3.50	0.003		
	其他材料费			—	0.127 2		
	材料费小计			—	2.47		

表 3-32　工程量清单综合单价分析表 29

工程名称：某物流配送中心装饰装修工程　　　　　　标段：　　　　　　　　　第 29 页　共 35 页

项目编码	011405001002	项目名称	金属门油漆（900mm×2 100mm）		计量单位	t	工程量	20.79

清单综合单价组成明细

定额编号	定额名称	定额单位	数量	单　价				合　价			
				人工费	材料费	机械费	管理费和利润	人工费	材料费	机械费	管理费和利润
5-119	单层钢门窗油漆	100m²	0.01	191.35	247.01	—	142.40	1.91	2.47	—	1.42
人工单价		小　计						1.91	2.47	—	1.42
43.00 元/工日		未计价材料费							—		
	清单项目综合单价								5.8		

（续表）

材料费明细	主要材料名称、规格、型号	单位	数量	单价/元	合价/元	暂估单价/元	暂估合价/元
	醇酸防锈漆 红丹	kg	0.165 2	14.00	2.313		
	油漆溶剂油	kg	0.008 6	3.50	0.003		
	其他材料费			—	0.127 2	—	
	材料费小计			—	2.47	—	

表3-33 工程量清单综合单价分析表30

工程名称：某物流配送中心装饰装修工程　　　　　标段：　　　　　第30页　共35页

项目编码	011405001003	项目名称	金属门油漆	计量单位	t	工程量	30.24

清单综合单价组成明细

定额编号	定额名称	定额单位	数量	单价				合价			
				人工费	材料费	机械费	管理费和利润	人工费	材料费	机械费	管理费和利润
5-119	单层钢门窗油漆	100m²	0.01	191.35	247.01		142.40	1.91	2.47		1.42
人工单价			小　计					1.91	2.47		1.42
43.00 元/工日			未计价材料费					—			
清单项目综合单价								5.8			

材料费明细	主要材料名称、规格、型号	单位	数量	单价/元	合价/元	暂估单价/元	暂估合价/元
	醇酸防锈漆 红丹	kg	0.165 2	14.00	2.313		
	油漆溶剂油	kg	0.008 6	3.50	0.003		
	其他材料费			—	0.127 2	—	
	材料费小计			—	2.47	—	

表3-34 工程量清单综合单价分析表31

工程名称：某物流配送中心装饰装修工程　　　　　标段：　　　　　第31页　共35页

项目编码	011405001004	项目名称	金属门油漆	计量单位	t	工程量	12.60

清单综合单价组成明细

定额编号	定额名称	定额单位	数量	单价				合价			
				人工费	材料费	机械费	管理费和利润	人工费	材料费	机械费	管理费和利润
5-134	单层钢门窗油漆	100m²	0.01	191.35	247.01	—	142.40	1.91	2.47	—	1.42
人工单价			小　计					1.91	2.47	—	1.42
43.00 元/工日			未计价材料费					—			
清单项目综合单价								5.8			

材料费明细	主要材料名称、规格、型号	单位	数量	单价/元	合价/元	暂估单价/元	暂估合价/元
	醇酸防锈漆 红丹	kg	0.165 2	14.00	2.313		
	油漆溶剂油	kg	0.008 6	3.50	0.003		
	其他材料费			—	0.127 2	—	
	材料费小计			—	2.47	—	

表 3-35　工程量清单综合单价分析表 32

工程名称:某物流配送中心装饰装修工程　　　　　标段:　　　　　

项目编码	011405001005	项目名称	金属门油漆	计量单位	t	工程量	8.64

清单综合单价组成明细

定额编号	定额名称	定额单位	数量	单价				合价			
				人工费	材料费	机械费	管理费和利润	人工费	材料费	机械费	管理费和利润
5-119	单层钢门窗油漆	100m²	0.023	191.35	247.01	—	142.40	4.40	5.68	—	3.28
人工单价			小　计					4.40	5.68	—	3.28
43.00 元/工日			未计价材料费					—			
清单项目综合单价								13.36			

材料费明细	主要材料名称、规格、型号	单位	数量	单价/元	合价/元	暂估单价/元	暂估合价/元
	醇酸防锈漆 红丹	kg	0.38	14.00	5.32		
	油漆溶剂油	kg	0.019 8	3.50	0.069 3		
	其他材料费			—	0.292 6	—	
	材料费小计			—	5.68		

表 3-36　工程量清单综合单价分析表 33

工程名称:某物流配送中心装饰装修工程　　　　　标段:　　　　　

项目编码	011406001001	项目名称	抹灰面油漆	计量单位	m²	工程量	22.50

清单综合单价组成明细

定额编号	定额名称	定额单位	数量	单价				合价			
				人工费	材料费	机械费	管理费和利润	人工费	材料费	机械费	管理费和利润
5-161	抹灰面刷乳胶漆	100m²	0.01	210.70	723.90	—	156.80	2.11	7.24	—	1.57
人工单价			小　计					2.11	7.24	—	1.57
43.00 元/工日			未计价材料费					—			
清单项目综合单价								10.91			

材料费明细	主要材料名称、规格、型号	单位	数量	单价/元	合价/元	暂估单价/元	暂估合价/元
	乳胶漆 室内	kg	0.278 1	25.00	6.95		
	聚醋酸乙烯乳胶(白乳胶)	kg	0.017 0	6.20	0.11		
	羧甲基纤维素(化学浆糊)	kg	0.003 4	7.50	0.03		
	大白粉	kg	0.014 3	0.50	0.01		
	滑石粉 325 目	kg	0.138 5	0.80	0.11		
	石膏粉	kg	0.020 5	0.80	0.02		
	其他材料费			—	0.02		
	材料费小计			—	7.24		

表 3-37　工程量清单综合单价分析表 34

工程名称:某物流配送中心装饰装修工程　　　　标段:　　　　　第 34 页　共 35 页

项目编码	011505001001	项目名称		洗漱台		计量单位		m²	工程量		4.70

清单综合单价组成明细

定额编号	定额名称	定额单位	数量	单　价				合　价			
				人工费	材料费	机械费	管理费和利润	人工费	材料费	机械费	管理费和利润
6-9	大理石洗漱台单孔	个	2.127 7	175.44	276.52	—	111.79	373.28	588.34	—	237.85
人工单价			小　计					373.28	588.34	—	237.85
43.00 元/工日			未计价材料费					—			
清单项目综合单价								1199.47			

材料费明细	主要材料名称、规格、型号	单位	数量	单价/元	合价/元	暂估单价/元	暂估合价/元
	大理石洗漱台板 单孔 1500×580	m²	1.893 6	210.00	397.66		
	大理石漱洗起边 1500×100	m²	0.319 1	240.00	76.60		
	水泥砂浆 1:2	m²	0.027 7	229.62	6.35		
	板方木才　综合规格	m²	0.004 3	1 550.00	6.60		
	塑面防火板 厚 5mm	m²	1.340 4	20.00	26.81		
	钢板网 1mm	m²	1.766 0	9.20	16.25		
	木螺丝钉	千个	0.053 2	32.00	1.70		
	角钢	t	0.017 0	3 180.00	54.13		
	其他材料费			—	2.26	—	
	材料费小计			—	588.34	—	

表 3-38　工程量清单综合单价分析表 35

工程名称:某物流配送中心装饰装修工程　　　　标段:　　　　　第 35 页　共 35 页

项目编码	011508002001	项目名称		有机玻璃字		计量单位		个	工程量		4.00

清单综合单价组成明细

定额编号	定额名称	定额单位	数量	单　价				合　价			
				人工费	材料费	机械费	管理费和利润	人工费	材料费	机械费	管理费和利润
17-14（江苏）	有机玻璃字安装(每个字面积在 0.2m³ 以内)	10 个	0.10	42.00	76.01	2.28	16.38	4.20	7.60	0.23	1.64
人工单价			小　计					4.20	7.60	0.23	1.64
43.00 元/工日			未计价材料费					—			
清单项目综合单价								13.67			

（续表）

	主要材料名称、规格、型号	单位	数量	单价/元	合价/元	暂估单价/元	暂估合价/元
材料费明细	有机玻璃字在 0.2m³ 以内	个	1.0100	5.70	5.76		
	万能胶	kg	0.0240	14.92	0.36		
	铁钉	m²	0.0480	3.60	0.17		
	其他材料费			—	1.32	—	
	材料费小计			—	7.60	—	

四、投标报价

（1）投标总价如下所示。

投 标 总 价

招标人：　　　某物流配送中心　　　　　　　　工程

工程名称：　　某物流配送中心装饰装修工程

投标总价(小写)：　814 433.79

　　　　（大写)：　捌拾壹万肆仟肆佰叁拾叁元柒角玖分

投标人：　　　巨力建筑装饰公司单位公章
　　　　　　　　　　（单位盖章）

法定代表人：　　巨力建筑装饰公司

或其授权人：　　法定代表人
　　　　　　　　（签字或盖章）

编制人：×××签字盖造价工程师或造价员专用章
　　　　　　（造价人员签字盖专用章）

编制时间：××××年××月××日

（2）总说明如下所示,有关投标报价如表3-39~表3-47所示。

总　说　明

工程名称:某物流配送中心装饰装修工程　　　　　　　　　　　　第　页　共　页

1. 工程概况:

仓库配送中心和精品仓楼地面为细石混凝土,保安值班室和仓库管理办公室铺300mm×300mm防滑地砖,楼梯面为水泥砂浆,卫生间地面镶贴缸砖,150mm高的水泥砂浆踢脚线,细石混凝土散水。内墙(柱)1:3水泥砂浆普通抹灰,外墙贴灰色大理石饰面板,外墙柱表面深色花岗岩挂贴,雨篷顶面做水磨石面层、底面采用乙丙外墙乳胶漆刷漆。

2. 投标控制价包括范围:

为本次招标的建筑施工图范围内的建筑工程。

3. 投标控制价编制依据:

(1)招标文件及其所提供的工程量清单和有关计价的要求,招标文件的补充通知和答疑纪要。

(2)该工程施工图及投标施工组织设计。

(3)有关的技术标准,规范和安全管理规定。

(4)省建设主管部门颁发的计价定额和计价管理办法及有关计价文件。

(5)材料价格采用工程所在地工程造价管理机构年月工程造价信息发布的价格信息,对于造价信息没有发布的材料,其价格参照市场价。

表3-39　建设项目投标报价汇总表

工程名称:某物流配送中心装饰装修工程　　　　　　　标段:　　　　　　　第　页　共　页

序号	单项工程名称	金额/元	其中/元		
			暂估价	安全文明施工费	规费
1	某物流配送中心装饰装修工程	814 433.79	10 000		
	合　　计	814 433.79	10 000		

注:本表适用于建设项目招标控制价或投标报价的汇总。

表3-40　单项工程投标报价汇总表

工程名称:某物流配送中心装饰装修工程　　　　　　　标段:　　　　　　　第　页　共　页

序号	单项工程名称	金额/元	其中/元		
			暂估价	安全文明施工费	规费
1	某物流配送中心装饰装修工程	814 433.79	10 000		
	合　　计	814 433.79	10 000		

注:本表适用于单项工程招标控制价或投标报价的汇总。

暂估价包括分部分项工程中的暂估价和专业工程暂估价。

表 3-41　单位工程投标报价汇总表

工程名称:某物流配送中心装饰装修工程　　　　　标段:　　　　　　　　　　第　页　共　页

序　号	汇总内容	金额/元	其中:暂估价/元
1	分部分项工程	588 578.69	10 000
1.1	某物流配送中心装饰装修工程		10 000
1.2			
1.3			
1.4			
1.5			
2	措施项目	7 637.91	—
2.1	其中:安全文明施工费	1 527.581 909	—
3	其他项目	186 152.337 3	—
3.1	其中:暂估价	10 000	—
3.2	其中:暂列金额	58 857.87	—
3.3	其中:专业工程暂估价	10 000	—
3.4	其中:计日工	323 157.75	—
3.5	其中:总承包服务费	14 714.467 25	—
4	规费	5 208.468 08	—
5	税金	26 856.389 52	—
	合计 = 1 + 2 + 3 + 4 + 5	814 433.79	—

注:本表适用于单位工程招标控制价或投标报价的汇总,如无单位工程划分,单项工程也使用本表汇总。

表 3-42　总价措施项目清单与计价表

工程名称:某物流配送中心装饰装修工程　　　　　标段:　　　　　　　　　　第　页　共　页

序号	项目编码	项目名称	计算基础	费率/%	金额/元	调整费率/%	调整后金额/元	备注
1		安全文明施工费	人工费 + 机械费 (152 758.190 9)	1.0	1 527.581 909			
2		夜间施工增加费	人工费 + 机械费 (152 758.190 9)					
3		已完工程及设备保护费	人工费 + 机械费 (152 758.190 9)	4	6 110.327 636			
4		缩短工期增加费	人工费 + 机械费 (152 758.190 9)	4	6 110.327 636			
	合　计				7 637.91			

编制人(造价人员):　　　　　　　　　　　　　　复核人(造价工程师):

注:1."计算基础"中安全文明施工费可为"定额基价"、"定额人工费"或"定额人工费 + 定额机械费",其他项目可为"定额人工费"或"定额人工费 + 定额机械费"。

2.按施工方案计算的措施费,若无"计算基础"和"费率"的数值,也可只填"金额"数值,但应在备注栏说明施工方案出处或计算方法。

表 3-43　其他项目清单与计价汇总表

工程名称:某物流配送中心装饰装修工程　　　　　标段:　　　　　　　　　第 页 共 页

序号	项目名称	金额/元	结算金额/元	备　注
1	暂列金额	58 857.87		一般按分部分项工程的 10%
2	暂估价	10 000		
2.1	材料(工程设备)暂估价/结算价			
2.2	专业工程暂估价/结算价	10 000		
3	计日工	323 157.75		
4	总承包服务费	14 714.467 25		按规定取费率为 2.5%
5	索赔与现场签证	—		
	合　　计	406 730.087 3		

注:材料(工程设备)暂估单价进入清单项目综合单价,此处不汇总。

表 3-44　暂列金额明细表

工程名称:某物流配送中心装饰装修工程　　　　　标段:　　　　　　　　　第 页 共 页

编　号	项目名称	计量单位	暂定金额/元	备　注
1	暂列金额		58 857.87	一般按分部分项工程的 10%
2				
3				
4				
5				
6				
7				
8				
9				
10				
11				
	合　　计		58 857.87	—

注:此表由招标人填写,如不能详列,也可只列暂定金额总额,投标人应将上述暂列金额计入投标总价中。

表 3-45　专业工程暂估价及结算价表

工程名称:某物流配送中心装饰装修工程　　　　　标段:　　　　　　　　　第 页 共 页

序号	工程名称	工程内容	暂估金额/元	结算金额/元	差额 ±/元	备　注
1	某物流配送中心装饰装修工程		10 000			
	合　　计		10 000			

注:此表"暂估金额"由招标人填写,投标人应将"暂估金额"计入投标总价中。结算时按合同约定结算金额填写。

表 3-46　计 日 工 表

工程名称:某物流配送中心装饰装修工程　　　　标段:　　　　　　　第 页 共 页

编号	项目名称	单位	暂定数量	实际数量/元	综合单价/元	合价/元	
						暂定	实际
一	人工						
1	普工	工日	200		60	12 000	
2	技工(综合)	工日	50		100	5 000	
3							
4							
	人 工 小 计					17 000	
二	材料						
1	水泥	kg	40 000		0.33	13 200	
2	石膏板 600mm×600mm×22mm	m²	1 925		53.47	10 293	
3	卷帘门	m²	55		100	5 500	
4							
5							
6							
	材 料 小 计					197 378	
三	施工机械						
1	灰浆搅拌机	台班	2		18.38	37	
2	自升式塔式起重机	台班	5		526.20	2 631	
3							
4							
	施工机械小计					2 668	
	四、企业管理费和利润					106 111.75	
	总　　　计					323 157.75	

注:此表项目名称、暂定数量由招标人填写,编制招标控制价时,单价由招标人按有关计价规定确定;投标时,单价由投标人自主报价,按暂定数量计算合价计入投标总价中。结算时,按发承包双方确认的实际数量计算合价。

表 3-47　规费、税金项目计价表

工程名称:某物流配送中心装饰装修工程　　　　标段:　　　　　　　第 页 共 页

序号	项目名称	计算基础	计算基数	计算费率/%	金额/元
1	规费	定额人工费	148 813.373 7	3.5	5 208.468 08
1.1	社会保险费	定额人工费	148 813.373 7	3	4 464.401 211
(1)	养老保险费	定额人工费			
(2)	失业保险费	定额人工费			
(3)	医疗保险费	定额人工费			
(4)	工伤保险费	定额人工费			
(5)	生育保险费	定额人工费			
1.2	住房公积金	定额人工费	148 813.373 7	0.5	744.066 868 5

（续表）

序号	项目名称	计算基础	计算基数	计算费率/%	金额/元
1.3	工程排污费	定额人工费			
2	税金	分部分项工程费＋措施项目费＋其他项目费＋规费－按规定不计税的工程设备金额	787 577.405 4	3.41	26 856.389 52
合　计					32 064.857 6

编制人（造价人员）：　　　　　　　　　复核人（造价工程师）：

（3）工程量清单综合单价分析见例题中表3-4～表3-38所示。